江苏高校优势学科建设工程项目

普通高等教育"十三五"规划教材
河海大学重点教材

水利水电工程优化调度

唐德善　唐彦　黄显峰　史毅超　等 编著

中国水利水电出版社
www.waterpub.com.cn
·北京·

内　容　提　要

本书系统介绍了水利水电工程优化调度的基本理论和分析计算方法，内容包括：绪论、水库调度的常规方法、水库优化调度、水电站厂内经济运行、水电站短期经济运行、水库水资源系统的不确定型模型、水库运行调度的实施以及水利水电工程可持续利用的基本知识。

本书可以作为高等院校水利水电工程、资源环境与城乡规划管理、水务工程、水资源管理与保护等涉水专业本科生及研究生"水利水电工程优化调度"课程的教材，也可作为水利水电工程规划、管理、调度及相关技术人员的参考书。

图书在版编目（ＣＩＰ）数据

水利水电工程优化调度 / 唐德善等编著. -- 北京：
中国水利水电出版社，2016.10（2023.7重印）
　普通高等教育"十三五"规划教材. 河海大学重点教材
　ISBN 978-7-5170-4807-7

　Ⅰ．①水… Ⅱ．①唐… Ⅲ．①水利水电工程－工程管理－高等学校－教材 Ⅳ．①TV

中国版本图书馆CIP数据核字(2016)第245076号

书　　　名	普通高等教育"十三五"规划教材　河海大学重点教材 **水利水电工程优化调度** SHUILI SHUIDIAN GONGCHENG YOUHUA DIAODU
作　　　者	唐德善　唐彦　黄显峰　史毅超　等编著
出 版 发 行	中国水利水电出版社 （北京市海淀区玉渊潭南路 1 号 D 座　100038） 网址：www.waterpub.com.cn E-mail：sales@mwr.gov.cn 电话：(010) 68545888（营销中心）
经　　　售	北京科水图书销售有限公司 电话：(010) 68545874、63202643 全国各地新华书店和相关出版物销售网点
排　　　版	中国水利水电出版社微机排版中心
印　　　刷	天津嘉恒印务有限公司
规　　　格	184mm×260mm　16 开本　9 印张　213 千字
版　　　次	2016 年 10 月第 1 版　2023 年 7 月第 3 次印刷
定　　　价	**27.00** 元

凡购买我社图书，如有缺页、倒页、脱页的，本社营销中心负责调换

前　言

　　水是生命之源、生产之要、生态之基[1]。作为一种优质、清洁的可再生能源，水电在我国水资源开发史中占有极其重要的地位。近年来，随着社会经济的快速发展，一大批不同规模的水电站投入运行与使用，这对于缓解我国电力供需矛盾、促进社会经济快速发展具有十分重要的意义。目前，随着优化理念的不断深入，如何管理和利用好已建水电站，进一步搞好水库调度和水电站运行管理，从而在不增加额外投资的情况下获得更大的综合效益，日益成为人们普遍关心的问题。

　　2011年，中共中央国务院在"关于加快水利改革发展的决定"的中央一号文件中指出，合理开发水能资源，在保护生态和农民利益前提下，加快水能资源开发利用。统筹兼顾防洪、灌溉、供水、发电、航运等功能，科学制订规划，积极发展水电，加强水能资源管理。我国的水电发展经历了从"十五"的"积极开发水电"调整为"十一五"的"在保护生态基础上有序开发水电"再到"十二五"的"在保护生态的前提下积极发展水电"的阶段。我国水利水电工程建设在摆脱资金、技术等制约阶段后，进入到生态制约阶段。协调好河流开发和环境保护之间的矛盾，成为新时期水利工程建设亟待解决的问题[2]。科学合理的水库调度正是解决这一现实矛盾的有效措施。所以，优化水库调度机制，不仅能最大限度的发挥综合效益，而且对于落实科学发展观，建设生态文明，实现人与水的和谐发展也具有十分重大的理论价值和现实意义。

　　为了适应新时期水利水电建设及整个国民经济和社会发展形势对水利水电工程专业人才培养的实际需要，作者结合多年教学经验编写了这本教材，详细阐述了水利水电工程优化调度的理论、方法与应用。其中，本书所讲的水库调度特指根据工程规划设计的要求，运用水库的调蓄能力，在保证大坝安全的前提下，有计划地对入库的天然径流进行蓄泄调节，以达到除水害兴水利、综合利用水资源、最大限度地满足国民经济各部门的需要[3]。水库调度是水利水电工程经济运行管理的核心内容，是确保水库安全可靠运行、合理利用水资源、发挥水库综合效益的重要措施。

本书可以作为水利水电工程、资源环境与城乡规划管理、水务工程、水资源管理与保护等涉水专业本科生"水利水电工程优化调度"课程的参考教材。根据"水利水电工程优化调度"课程教学大纲的要求，本教材的主要教学目标是：通过系统的学习和研究，使学生熟练掌握水利水电工程优化调度的基本概念、理论、原理、内容和方法，使学生认识到科学高效的水利水电工程优化调度是解决水资源问题的有效途径，为进一步学习水科学知识奠定良好的基础；同时，初步培养学生应用所学知识分析和解决水利水电工程优化调度实际问题的能力。

为了加强此书的系统性和全面性，全书包含了"水利水电工程优化调度"的诸多内容。

本书由唐德善、唐彦、黄显峰、史毅超等编著。另外参与编写的有王桂智、张磊、汪旭鹏、尹笋、翟雨虹，史毅超、翟雨虹对全书进行梳理和修订。

在本书的编写过程中，参阅和引用了一些国内外文献和资料，编者在此向有关人员致以衷心的感谢！对未能列出的其他参考文献和资料的作者也一并致谢，并请谅解。

本书包括的内容丰富，对不同学校、不同专业、不同读者有可供选择的余地。尤其是水电站经济运行部分的内容，可按实际需要选择。

由于编者水平所限，对于书中疏漏和不足之处，欢迎读者批评指正。

编著者

2016 年 7 月

目　录

第一章 绪 论

第一节 水利水电工程简介

水是一切生命的源泉，是人类生活和生产活动中必不可少的物质。在人类社会的生存和发展中，需要不断地适应、利用、改造和保护水环境。水利事业随着社会生产力的发展而不断发展，并逐步成为人类社会文明和经济发展的重要支柱。

人类社会为了生存和发展的需要，会对自然界的水和水域进行控制和调配，以达到兴利除害、开发利用和保护水资源的目的。在研究自然界水的特性、存在方式和运动规律的基础上，研究水的控制、开发、利用、管理和保护的知识体系称为水利科学。用于控制和调配自然界的地表水和地下水，消除水害和开发利用水资源而修建的工程称为水利水电工程。

一、水利水电工程发展简史

水利一词最早见于战国末期问世的《吕氏春秋》中的《孝行览·慎人》篇，其中的"取水利"系指捕鱼之利。西汉史学家司马迁所著《史记》中的《河渠书》首次赋予该词以防洪、灌溉、航运等兴利除害的含义。水利的发展历史大致可分为古代、近代和现代 3个时期。古代水利是指 18 世纪产业革命前的时期，水利建设主要凭经验进行，多使用当地建筑材料，用人力畜力和简单机械施工。人类的水利活动可以追溯至远古：公元前 4000年埃及人已经利用尼罗河水漫灌；南美洲的秘鲁在公元前 1000 年已有灌溉；而中国今河南登封在公元前 2800—前 2000 年已使用陶制排水管，公元前 256—前 251 年在今四川省都江堰市修建的都江堰是世界现存最古老的无坝引水枢纽。中国古代水利经历了秦汉、隋唐宋和元明清的 3 次统一与和平时期，带来了 3 次水利的大发展和人口的大增长。近代水利是指 18 世纪开始的产业革命到第二次世界大战期间，一些国家进入以工业生产为主的社会，水利进入一个新的阶段。但中国从 1840 年鸦片战争后，却沦为半殖民地半封建社会，水利建设趋于停滞。这时期水利的基础科学开始建立，从而推动了水利应用科学在 19世纪中叶之后的长足进步，工业发达国家在水利建设上取得了重大突破，并使水利形成独立学科。1878 年法国建成世界上第一座水电站；1936 年美国建成高 221m 的胡佛坝，并创造性地发展了筑坝技术。现代水利是指第二次世界大战结束之后的时期，随着电子计算机的广泛应用，试验手段、计算技术和自动化技术的发展，机械制造能力的提高，大型施工机械的使用和新材料的出现，水利水电工程数量急剧增加，规模日益扩大，新结构不断涌现，高坝和大型水库大量兴建，从而带来了巨大的经济效益：1949 年中华人民共和国建立后，水利事业蓬勃发展，取得了巨大成就；1986 年世界灌溉面积为 2.33 亿 hm^2，占耕地总面积的 17%，其粮食产量占全世界总产量的 40%；中国在 20 世纪 80 年代灌溉面积为 0.48 亿 hm^2，居世界之首；1986 年全世界高 15m 以上的大坝共登记 3.66 万座，其中中国有 1.88 万座。截至 2014 年 6 月，中国最高的水坝是坐落在四川省境内的锦屏一级水电站大坝，属双曲拱坝，高 305m，也是世界第一高水坝。中国最高的土石坝是云南省境内的糯扎渡大坝，高 261m。中国最高的重力坝是位于广西壮族自治区的龙滩水电站大坝，高 216.2m。湖北省境内还拥有世界上最高的混凝土面板堆石坝：高 233m 的水布垭水电站大坝。四川省境内正在建设的双江口大坝预计高度将达到 312m，建成后将成为新的世界第一高坝。位于我国湖北省宜昌市的三峡水利枢纽工程是世界上最大的水利水电工程。三峡工程建筑由大坝、水电站厂房和通航建筑物三大部分组成，大坝为混凝土重力坝，坝顶总长 3035m，坝高 185m，设计正常蓄水位枯水期为 175m（丰水期为 145m），总库容 393 亿 m^3，其中防洪库容 221.5 亿 m^3。水电站左岸设 14 台机组，右岸 12 台机组，总共 26 台机组，水轮机采用混流式机组，单机容量均为 70 万 kW，总装机容量为 1820 万 kW，年平均发电量 847 亿 kW·h。后又在右岸大坝山体内建地下电站，设 6 台 70 万 kW 的水轮发电机，年发电量可达 1000 亿 kW·h。公开数据显示，截至 2009 年年底，三峡工程已累计完成投资 1849 亿元。

二、水利水电工程特点与分类

水利水电工程是实现水利规划目标的主要手段，其主要作用是控制和调配地面水和地下水，达到兴利、除害的目的。自然界中水的运动存在偶然性，并与其他环境要素互相影响，水利工程的工作条件十分复杂。大型水利工程的投资大、工期长，对社会、经济和环境都有很大影响，既有利也有弊，需要进行必要的经济风险评估。随着社会生产力的发展和人民生活水平的提高，水利建设日益成为社会文明和经济繁荣的重要支柱。

水利水电工程与其他工程相比，具有如下特点。

（1）影响面广。水利水电工程规划是流域规划或地区水利规划的组成部分，而一项水利工程的兴建，对其周围地区的环境将产生很大的影响，既有兴利除害有利的一面，又有淹没、浸没、移民、迁建等不利的一面。为此，制定水利水电工程规划，必须从流域或地区的全局出发，统筹兼顾，以期减免不利影响，收到经济、社会和环境的最佳效果。

（2）施工建造艰巨。水利水电工程与陆地上的土木工程相比施工更为困难，条件更为复杂。主要考虑水的因素，水对挡水建筑物有静水压力，随挡水高度的加大而剧增，为此工程必须具有足够稳定性。另外建筑物及地基内的渗流也威胁工程安全。施工导流复杂，施工进度往往与洪水"赛跑"，加大了工程建造的复杂性。

（3）失事后果严重。水利水电工程一般规模大，投资多，工期较长，工程失事将会产生严重后果，如果拦河坝溃决，则会给下游带来灾难性及至毁灭性的后果，这在国内外都不乏惨重实例。

水利水电工程学科按服务对象划分如下。

（1）防洪。研究洪水规律及其灾害防治的学科。

（2）城镇供水和排水。研究按水质、水量、水压标准向城镇供给生活用水和工业用水，以及使废水在达到规定水质要求的情况下顺利排放或重复使用的学科。

（3）灌溉和排水，又称农田水利。研究通过工程措施对农业水资源进行拦蓄、调控、分配和按质量标准适时适量地将水输送到农田、草场、林地，并将田地内多余的水适时排泄，以利植物生长的学科。

（4）水力发电。研究将水能转换为电能的工程技术、经济和管理的学科。

（5）航道和港口。研究船舶及排、筏安全航行的线路和设施，以及研究供船舶停泊、避风、供应燃料及物资、进行维修和客货转载作业的场所的学科。

（6）水土保持。防治水土流失，保护、改良与合理利用山丘区或风沙区水土资源的学科。

（7）海洋工程。研究海洋资源开发、海洋空间利用、海洋能利用和海岸防护的学科。

（8）环境水利。研究环境与水利的相互关系和相互作用的学科。

（9）水利渔业。研究利用水利工程进行水产养殖和发展捕捞业的学科。

水利科学按水利工程的工作程序可分为水利勘测、水利规划、水工建筑物设计、水利工程施工、水利管理等。综合性分支学科包括水利史、水利经济学和水资源学等。此外，水利科学的基础学科有水文学和水资源学、水力学、固体力学、土力学、岩石力学、河流动力学、水文地质学、工程测量学及建筑材料等。

三、水力发电简介

水力发电作为水利水电工程的主要内容，其在社会经济发展中的地位也越来越重要，下面将就水力发电的概念作出单独介绍。

水力发电是一种将天然水流蕴藏的势能与动能转换成电能的发电方式，是水能利用的主要形式。在自然状态下，河川水流的这种潜在能量以克服摩擦、冲刷河床、挟带泥沙等形式消耗掉，而兴建水电站可利用这部分能量，将其转化为服务于大众的电力资源。1878年法国建成世界上第一座水电站，1880年冲击式水轮机诞生，1918年研制了轴流式转桨水轮机，1957年造出了斜流式水轮机，并开始出现可逆式抽水蓄能机组。随着机械制造业和超高压输电技术的发展，世界各国的水力资源得到大力开发。至 20 世纪 90 年代中期最大的水轮发电机的单机容量已超过 70 万 kW，最大的水电站装机容量已达 1260 万 kW（见伊泰普水电站）。

水力发电突出的优点是以水为能源，水可周而复始地循环供应，是一种可持续发展的清洁能源。更重要的是相对于火力发电，水力发电对自然环境的危害较小，运行成本也要低得多，能大大改善能源结构。世界各国都提倡尽可能多地开发本国的水能资源。我国的水能资源储藏量居世界首位，然而地区分布却不均匀：西南地区的水能蕴藏量最多，主要分布在长江上游金沙江、通天河及长江支流嘉陵江、岷江、乌江等，西藏的雅鲁藏布江，云南的怒江、澜沧江等。西部地区水能蕴藏量仅次于西南，主要分布在长江及其支流，洞庭湖水系的湘、资、沅、澧等河流，汉江、赣江及珠江等。华东地区水能蕴藏量主要集中在闽、浙两省，也可向潮汐电站发展。东北地区已开发的水能资源比较多，主要在松花江、嫩江、鸭绿江和镜泊湖等，华北地区多为平原河流，水能蕴藏量不多，主要在滦河和海河水系中。

第二节　水利水电工程优化调度

水利水电工程调度的基本任务是：科学经济地治理、调配、利用和保护水资源，调节地表水和地下水的水位、流量、水深，适时适量地输送水量，按标准保护水质，以满足国民经济各部门和社会对水利水电工程的要求；保护水利工程建筑物及设备的完好与安全，使之能正常持久地发挥作用，防止发生或减少事故和灾害；保持水域环境蓄水、过水、排水的能力及正常使用的条件；不断进行技术改造，以适应水利管理事业发展和科学技术进步的要求。

一、水利水电工程优化调度基本原则与主要工作内容

水利水电工程优化调度应遵循的基本原则是：在首先保证工程安全的前提下，根据规划设计的合理开发利用目标及主次关系，考虑各种水利工程措施与非工程措施的最优配合运用，统一调度，充分发挥水利水电工程的除害兴利作用，使获得的国民经济效益尽可能最大；当遇到工程设计标准以上的特大或特枯水情时，要本着局部服从全局的原则，兴利服从防洪，经济性服从可靠性，使灾害损失或正常运行的破坏损失尽可能最小[4]。

水利水电工程运行调度的主要工作内容包括：制订和编制水资源系统最优的运行调度方案、方式和计划；按照所编制的方案、方式和计划，根据面临的实际情况，进行实时调度和操作控制，尽可能实现水资源共享系统的最优运行调度；做好水资源系统运行调度实际资料的记录、整理和分析总结；开展与运行调度有关的其他各项工作，如收集工程、设备及水利枢纽上、下游特征等基本资料，组织有关建筑物和设备的运行特性试验，开展水文气象预报，建立和健全本系统及其组成单元的运行调度规程及各项管理工作的规章制度，开展有关的科学试验研究和技术革新等。

二、水电站水库的运行调度

由于水电站水库在水利水电工程中占有举足轻重的地位，对其运行方式的研究构成了水资源系统运行调度的主体。一般将水电站水库的运行调度在时空域内划分为三个子问题，即水电站厂内经济运行、水（火）电站短期经济运行及长期经济运行（或水库调度）。

1. 水电站厂内经济运行

水电站厂内经济运行主要是研究出力、流量和水头平衡，机组的动力特性和动力指标，机组间负荷的合理分配，最优运转机组台数和机组的启动、停用计划，机组的合理调节程序和电能生产的质量控制及用计算机实现经济运行实时控制等。

2. 水（火）电站短期经济运行

主要研究和解决电力系统在短期（日、周）内的电力电量平衡，各水电站间、水火电站间负荷的合理分配，电网潮流和调频调压方式，备用容量的确定和接入方式，水电站水库日调节时上下游不稳定流对运行方式的影响，水资源综合利用和水电站运行方式之间的相互影响等。

3. 水电站长期经济运行（或水库调度）

长期运行方式通常是指较长时间（季、多年等）的运行方式，以水电站水库调度为中心，包括电力系统的长期电力电量平衡、设备检修计划安排、备用方式的确定、径流预报及分析、水库洪水调度和水库群优化调度等。

水电站厂内经济运行、短期经济运行与长期经济运行之间有着十分密切的联系，如图1-1所示。

当从理论角度来研究和分析水电站经济运行方案时，应首先解决厂内经济运行方式问题，在此基础上研究短期最优运行方式，进而研究和解决长期最优运行方式。在研究短期

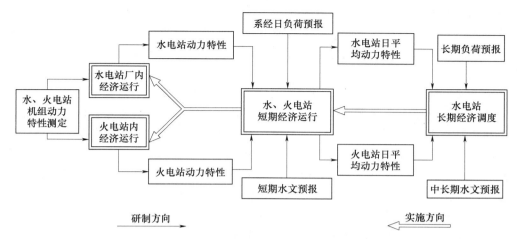

图 1-1　电力系统中水电站、火电站经济运行方式的研制与实施关系结构图

运行方式时，视一个电站为一个单元，认为厂内各动力设备的运行是按最优方式进行的，水电站的动力特性是在厂内经济运行的基础上做出的。在研究长期经济运行方式时，则认为厂内和短期都是按经济运行方式进行的，所具有的动力特性曲线叫做平均特性，它是在厂内和短期最优运行方式的基础上绘制而成的。

然而，在实际实施调度时，则与运行方案研制过程相反，一般先考虑水文和负荷的长期预报，按长期最优运行方案制订出长期最优运行方式和计划，得到即将面临的短期（日、周、旬、月）的运行决策量（时段电量或平均出力、供水量或平均供水流量），再由此决策量制定短期最优运行方式和计划，得出更短时段（日、小时）及瞬时决策量，最后据此决策量制定厂内机组的运行方式并进行实时操作控制。

应当指出，短期最优运行方式的制定，对具有短期（日、周）调节性能以上水库的水电站都有现实意义，长期最优运行方式的制定对具有长期（季、年、多年）调节性能水库的水电站才更为必要。此外，当水库有防洪任务时，汛期应根据水库调蓄情况进行具体防洪调度。

为了充分发挥水电站及其水库的作用，最大限度地利用水能及水资源，获得尽可能大的综合运行效益，应当全面开展水电站长期、短期及厂内经济运行。若条件不具备时，可先单独开展其中一项，也能获得较明显的经济效益。

第三节　水利水电工程的可持续发展

可持续发展，即为"既满足当代人的需求，又不对后代人满足其需求的能力构成危害的发展"。它以两个关键组分为基础：一是人类需求，从水资源的角度讲特别是指世界上水资源短缺地区的需求；二是环境限度，如果它被突破，必将影响自然界支持当代和后代人生存的能力。水利水电工程可持续发展，即是在水利水电工程运行、维护的过程中，科学地运用可持续发展观，使水利水电工程维持在一个良好的、可持续运行下去的稳定状态，从而实现水利水电工程发展的可持续。

一、水利水电工程可持续发展背景

我国人口众多、资源匮乏、自然条件较差。受季风气候和自然条件的影响，降雨时空分布不均，水旱灾害频繁，是世界上洪涝干旱灾害最为严重的国家之一。我国水资源总量虽较丰富，但从人均、亩均占有量来看，是不容乐观的。按目前人口统计，全国人均占有水资源仅为 2044m³，仅为全球平均水平的 1/4，经济社会发展用水以及生态环境用水需求与水资源紧缺的矛盾十分突出。北方及内陆地区流域，一些河流由于水资源过度开发，河道干游出现连续断流，一些地区由于超采地下水，导致区域性地下水位下降，引起大面积地面沉陷、生态绿洲萎缩、环境恶化等一系列生态环境问题。此外，中国的水污染和水土流失现象也十分严重。在部分流域和地区，水污染已呈现出从支流向干流延伸、从城市向农村蔓延、从地表向地下渗透、从陆域向海域发展的趋势。对水土资源不合理的开发利用，加剧了水土流失，导致土地退化、沙化和生态恶化，加深了下游洪涝威胁。总之，洪涝灾害、水资源短缺、水污染和水土流失，即水多、水少、水脏、水浑问题，严重影响中国人口、资源、环境与社会经济的协调发展，是中国经济社会发展的重要制约因素。因此，必须实施可持续发展水资源战略，加强水利基础设施建设，加强生态环境建设和保护，节约和保护水资源，治理水污染，改善生态环境，促进水资源可持续利用，保障经济社会的可持续发展[5]。

二、我国水利水电工程可持续发展面临的主要问题

我国是一个历史悠久的文明古国，也是对水资源开发利用最早的国家之一，经过数年的发展，已初步形成防涝、排涝、灌溉、供水、发电等工程体系，在抵御水旱灾害、保障经济社会安全、保护水土资源和改善生态环境等方面发挥重要作用。但是，也应该看到，随着经济社会发展，我国在水资源领域还面临着严峻的挑战，制约水利事业的发展。

1. 经济快速增长使水安全问题更加突出

改革开放以来，我国经济社会快速发展，对防洪安全、供水安全、水环境和生态环境保护的要求越来越高。洪涝灾害、水资源不足、水土流失和水污染问题日益突出，成为经济社会可持续发展的主要制约因素。21 世纪初期，我国经济社会仍将保持继续增长态势，随着人口的持续增加，城市化进程的加快，水资源供需矛盾将进一步加剧，如不及时采取有效措施，可能出现严重的水危机及诱发严重的生态环境问题，给社会经济的健康发展带来不良影响。

我国洪涝干旱灾害频发，对社会影响和经济损失巨大。1998 年长江、松花江、嫩江流域发生大洪水，洪涝灾害直接经济损失为 2550 亿元。目前，全国 70％以上的固定资产、44％的人口、1/3 的耕地，数百座城市以及大量重要的国民经济基础设施和工矿企业，分布在主要江河的中下游地区，受洪水威胁严重。我国又是水资源严重短缺的国家，全国正常年份缺水量 400 亿 m³，每年因干旱缺水造成的经济损失约 3000 亿元，相当于同期 GDP 的 3％。我国的水土流失及水环境恶化问题严重，全国水土流失面积 367 万 km²，约占国土面积的 38％，其中水力侵蚀面积 179 万 km²，风力侵蚀面积 188 万 km²。水土流失造成土地资源的破坏，加剧水旱风沙等自然灾害，已成为我国头号环境问题，水污染状况总体上还未得到有效控制。随着经济社会的发展，洪涝和干旱灾害的影响范围增加，风险程度加大，防洪抗旱减灾的任务十分艰巨。

2. 水利资金投入不足使基础设施建设严重滞后

水利基础设施建设与管理投入严重不足，缺乏稳定的投入保障机制，导致水利建设严重滞后于经济社会发展的需要。加上大量易于实施的水利工程已相继开发建设，未来治水工程的难度和成本将越来越高，所涉及的社会、经济、技术、环境等问题也将越来越复杂。

我国大多数水利工程建于 20 世纪 50—60 年代。由于历史原因，设计标准偏低，建设质量较差，工程不配套，管理粗放，管理设施落后，管理经费不足，管理人员素质较低，缺乏价格形成机制和工程良性运行机制。有些工程老化失修，效益衰减严重。根据对全国 195 处大型港区调查，骨干建筑物老化失修，损坏率达到 40%。全国约有 40%（1200 多座）的大中型水库存在不同程度的病险隐患。有些工程已达到设计使用寿命，面临报废或重建，一部分工程急需加固和改造，任务十分繁重。

3. 水利发展缺乏法律体系机制的保障

目前，我国水管理法规体系尚不健全。"多龙管水"的体制尚未理顺，不利于依法进行水事活动的监督与执法、协调与裁决，难以保证水资源的合理配置、高效利用和有效保护。管理人员业务素质与管理技术手段还远不能适应现代化水管理的要求。水管理的监控体系建设落后，缺乏信息技术支持。与社会主义市场经济体制相适应的水利投资体制、水价形成机制、水电价格机制、市场激励机制尚不完善，难以形成良性的发展机制，对节水和高效用水以及水资源合理配置产生制约作用和"瓶颈"效应。因此，加快投资体制、价格机制和管理体制改革，健全法规体系是实现水资源可持续利用的重要保障。

4. 水利发展体制机制不顺制约水利可持续发展

目前制约水利可持续发展的体制机制障碍仍然不少，突出表现在水利投入机制、水资源管理等方面。

（1）水利投入稳定增长机制尚未建立。我国治水任务繁重，投资需求巨大，由于没有建立稳定增长的投入机制，长期存在较大投资缺口。一方面，水利在公共财政支出中的比重还不高，波动性较大，1998 年以来，中央预算内固定资产投资中，年均水利投资 367 亿元，所占比重在 14%～24% 之间波动。另一方面，水利公益性强，又缺乏金融政策支持，融资能力弱，社会投入较少。此外，农村义务工和劳动积累工政策取消后，群众投工投劳锐减，新的投入机制还没有建立起来，对农田水利建设影响很大。

（2）水资源管理制度体系还不健全。目前我国的水资源管理制度体系与严峻的水资源形势还不适应，流域、城乡水资源统一管理的体制还不健全，水资源保护和水污染防治协调机制还不顺，水资源管理责任机制和考核制度还未建立，对水资源开发利用节约保护实行有效监管的难度较大。

（3）水利工程良性运行机制仍不完善。2002 年以来，国有大中型水利工程管理体制改革取得明显成效，良性运行机制初步建立，但一些地区特别是中西部地区公益性水利工程管理单位基本支出和维修养护经费还不能足额到位，许多农村集体所有的小型水利工程还存在没有管理人员、缺乏管护经费的问题，制约了水利工程的良性运行，影响了工程效益的充分发挥。

5. 水资源缺乏有效保护威胁国家水环境安全

从环保部最新公布的数据可知，全国 70% 的河流湖泊受到严重污染，十大水系、62

个主要湖泊分别有 31% 和 39% 的淡水水质达不到饮用水要求，3.6 亿民众缺乏安全的饮用水。从某种意义上说，水污染问题十分严峻。严峻主要体现在三个方面。

（1）就整个地表水而言，受到严重污染的劣 V 类水体所占比例较高，全国约 10%，有些流域甚至大大超过这个数。如海河流域劣 V 类的比例高达 39.1%。

（2）流经城镇的一些河段、城乡结合部的一些沟渠塘坝污染普遍比较重，并且由于受到有机物污染，黑臭水体较多，受影响群众多，公众关注度高，不满意度高。

（3）涉及饮水安全的水环境突发事件的数量依然不少。防治水污染是当下治理水问题的重中之重[6]。在此背景下，《水污染防治行动计划》（简称"水十条"）出台，将有效改善当前严峻的水环境形势，是实现生态水利，落实科学发展观的重大举措。同时，"水十条"的出台也给水利产业带来了空前的"治水盛宴"。

6. 水利工程建设与生态环境矛盾凸显

水利工程对经济与社会发展的巨大作用毋庸置疑。但是也必须看到水利工程对河流生态系统造成了不同程度的干扰。一条河流、一个河段及其周围地区在天然状态下，一般处于某种相对平衡。水利工程的建设会破坏原有的平衡，对周围的自然和社会环境产生一定的胁迫。水利工程对于河流生态系统的胁迫主要表现在两方面。

（1）自然河流的渠道化。包括平面布置上的河流形态直线化，即将蜿蜒曲折的天然河流改造成直线或折线型的人工河流。包括河道横断面几何规则化，即把自然河流的复杂形状变成梯形、矩形及弧形等规则几何断面。还包括河床和边坡材料的硬质化，即渠道的边坡及河床采用混凝土、砌石等硬质材料。

（2）自然河流的非连续化。筑坝造成顺水流方向的河流非连续化，使流动的河流生态系统变成了相对静止的人工湖，流速、水深、水温及水流边界条件都发生了重大变化，极大地威胁了生态系统的平衡[7]。

近年来，随着生态问题的日益严峻，党和中央对生态文明建设十分重视，大型水利工程建设面临着生态因素的严重制约。在"十二五"规划中指出，在保护生态的前提下积极发展水电，生态放在了水电开发的前列。2015 年 4 月 9 日，环境保护部罕见地叫停投资 320 亿元的小南海水电项目，给水电开发敲响了生态警钟。"十三五"规划提出：推进能源革命，建设清洁低碳、安全高效的现代能源体系，加快发展风能、太阳能、水能。当下，只有对传统的水利水电工程规划设计和运行的理念与技术方法进行反思，进一步吸收生态学的理论知识，探索与生态友好的水利水电工程技术体系，才能妥善解决水利工程建设与生态环境的矛盾，才能实现水电与自然和谐相处，满足可持续发展目标的时代需求。

7. 农田水利建设滞后影响农业可持续发展

我国的农业是灌溉农业，粮食生产对农田水利的依存度高。目前，农田水利建设严重滞后。一是老化失修严重。现有的灌溉排水设施大多建于 20 世纪 50—70 年代，由于管护经费短缺，长期缺乏维修养护，工程坏损率高，效益降低，大型灌区的骨干建筑物坏损率近 40%，因水利设施老化损坏年均减少有效灌溉面积约 300 万亩。二是配套不全、标准不高。大型灌区田间工程配套率仅约 50%，不少低洼易涝地区排涝标准不足 3 年一遇，灌溉面积中有 1/3 是中低产田，旱涝保收田面积仅占现有耕地面积的 23%。三是灌溉规模不足。我国现有耕地中，半数以上仍为没有灌溉设施的"望天田"，还有一些水土资源条件相对较好、适合发展灌溉的地区，由于投入不足，农业生产的潜力没有得到充分发挥。农田水利设施薄弱，导致我国农业生产抗御旱涝灾害的能力较低，近30多年来，全国年均旱涝受灾面积5.1亿亩，约占耕地面积的28%。加之受全球气候变化影响，发生更大范围、更长时间持续旱涝灾害的概率加大，农业稳定发展和国家粮食安全面临较大风险。

三、我国水利水电工程可持续发展主要措施

当前，我国经济社会发展进入一个新的历史时期。中央提出，要坚持以人为本和全面、协调、可持续的科学发展观，实施"五个统筹"的发展战略，即统筹城乡发展、统筹区域发展、统筹经济社会发展、统筹国内发展和对外开放、统筹人与自然和谐发展。为了适应新时期我国经济社会发展战略的要求，实现水利水电工程的可持续发展可以采取以下措施[8]。

（1）建立水资源供给与高效利用体系。通过开源和节流，形成水资源合理配置的格局，提高水资源的利用效率和效益，加强水资源在时间和空间上的调配能力，保障经济社会发展用水需求，建设节水清洁型社会。逐步建立用水总量控制和定额管理相结合的管理制度，通过社会制度的建设来解决干旱缺水问题，形成以经济手段为主的节水机制，推动整个社会走上生产发展、生活富裕、生态良好的文明发展道路。

（2）建立较为完善的防洪减灾保障体系。按照"给洪水以出路"的思路，以提防为基础，以枢纽工程为主干，进一步加强大江大河大湖治理，蓄滞洪区建设和防汛调度指挥系统建设，形成河道、湖泊、水利枢纽、蓄滞洪区"四位一体"，拦、分、需、滞、排功能协调的综合防洪减灾体系，使主要防洪保护区的保障标准与其经济发展水平相适应，确保城市和重点地区的防洪安全。同时，高度重视防洪非工程措施建设，完善水文监测体系和防汛指挥系统，提高洪水预警预报和指挥调度能力；加强河湖管理，在确保防洪安全的前提下，科学调度，合理利用洪水资源，增加水资源可利用量，改善水生态环境。

（3）建立水生态系统安全保障体系。通过制定重要江河的水资源保护规划，进行水污染防治和水资源保护，切实搞好水土保持生态建设，有效控制和减少水土流失及水污染，提高水环境的承载能力，坚持人与自然和谐相处，科学确定生态流量，加强江河湖库水量调度管理，维持河湖生态用水需求，开源节流并重，确保水资源的可持续利用，改善人居环境。

（4）建立现代化的水资源管理体系。通过健全法制，依靠科技创新和体制创新，建立流域管理与区域管理相结合的水资源管理体制，确立水资源开发利用控制、用水效率控制、水功能区限制纳污"三条红线"，实行水资源的统一管理和实时监控，优化配置资源、加强监测管理，保证水利工程的良性运行，充分发挥工程的综合效益，从供水管理向需水管理转变，建设节水型社会，保障水资源可持续利用。

（5）建立水利投入稳定增长机制。以政府公共财政投入为主，社会投入为补充，建立水利投入稳定增长机制。一是稳定和提高水利在国家固定资产投资中的比重。二是大幅度增加财政专项水利资金规模。三是进一步充实和完善水利建设基金。四是落实好从土地出让收益中提取10%用于农田水利建设的政策。同时，特别加大对水利建设资金的监督管理，确保资金安全和使用效益，保障水利跨越式发展。

（6）推进农业水利建设。稳定现有灌溉面积，对灌排设施进行配套改造，提高工程标准，建设旱涝保收农田。同时，大力推进农业高效节水，在有条件的地方结合水源工程建设，扩大灌溉面积。

第四节 本课程任务和主要内容

"水利水电工程优化调度"是水利水电工程专业的一门专业课程。根据专业培养目标，本课程设置的任务是使学生比较系统地掌握水利水电工程优化调度方面的基本知识。为此，本课程的主要内容有：水库运行常规调度法；水库运行优化调度法，包括单一水库及水库群的联合运行调度；水电站厂内经济运行；水火电力系统中水电站的短期经济运行；水库调度的不确定型模型；水库运行调度的实施；水利水电工程持续利用研究等。

本 章 小 结

本章主要讨论了水利水电工程的相关概念，依次阐述了水利水电工程的悠久历史，水利工程的特点与分类，水利水电工程优化调度的基本概念、原则与工作内容；详细说明了水利水电工程优化调度的三种运行方式，即厂内经济运行、短期经济运行和长期经济运行，并且解释了这三种运行方式的相互关系；最后，针对水利水电工程的可持续发展，分析了当前我国水利水电工程发展可能面临的主要问题以及相应的解决措施。本章是本书的绪论，目的是使读者对本书的内容有概括的了解，为后续更好的学习奠定基础。

思 考 题

1. 水利水电工程的分类及其特点？
2. 水利水电工程优化调度的原则是什么？
3. 水电站水库运行调度按调度周期分为哪几类？具体内容是什么？
4. 水利水电工程可持续发展的概念是什么？
5. 水利水电工程可持续发展面临哪些问题？有哪些主要措施？
6. 试论述如何解决水利水电工程建设与生态矛盾？

第二章 水库调度的常规方法

水利水电工程修建的目的是充分利用水资源，满足人们对水的综合利用要求，水库是水利水电工程最基本的组成部分。通过水库的调蓄作用，对天然径流进行调节，在时间和空间上改变天然径流的分配过程，使水库泄放的水量更好地适应人们的需求，这个过程就是水库调度。水库调度是水利水电工程系统调度的核心内容。

水库调度的方法较多，一般可分为常规调度和优化调度。常规调度是根据已有的实测资料，利用径流调节理论和水能计算的方法来计算和编制水库调度图，并以此为依据进行水库控制运用的调度方法。这种方法简单直观，概念清晰，但按调度图运行带有一定的经验性，调度结果一般只是可行解而不是最优解。优化调度是运用系统工程的观点和方法来研究水利水电工程的调度，即将一个水库或水库群视为一个系统，水库来水量作为输入，发电、防洪等综合效益视为输出，库容大小、水位变幅、机组装机容量等限制就是环境约束，通过建立以水库各种调度效益值为中心的目标函数，拟定相应的约束条件，然后运用优化方法求解目标函数和约束条件组成的系统方程组，使得目标函数取得极值，即目标效益最大。本章以水库调度图为核心，分析水库的常规调度方法，优化调度将在第三章介绍。

第一节 水库调度概述

一、水库调度的发展与意义

水库调度是水利水电工程经济运行的中心内容，是控制水库安全可靠运行、合理利用水资源、发挥水库综合效益的重要措施。水库调度工作是根据工程规划设计的要求，运用水库的调蓄能力，在保证大坝安全的前提下，按来水蓄水实况和水文预报，有计划地对入库的天然径流进行蓄泄调节，达到除水害兴水利、综合利用水资源、最大限度地满足国民经济各部门的需要的目的。

水库调度的理论与方法是随着 20 世纪初水库和水电站的大量兴建而逐步发展起来的，并逐步实现了综合利用和水库群的水库调度。在调度方法上，1926 年苏联 A. A. 莫洛佐夫提出水电站水库调配调节的概念，并逐步发展形成了水库调度图。这种图至今仍被广泛应用。50 年代以来，由于现代应用数学、径流调节理论、电子计算机技术的迅速发展，使得以最大经济效益为目标的水库优化调度理论得到迅速发展与应用。随着各种水库调度自动化系统的建立，使水库实时调度达到了较高的水平[9]。中国自 50 年代以来，水库调度工作随着大规模水利建设而逐步发展。目前，大中型水库比较普遍地编制了年度调度计划，有的还编制了较完善的水库调度规程，研究和拟定了适合本水库的调度方式，逐步由单一目标的调度走向综合利用调度，由单独水库调度开始向水库群调度方向发展，考虑水情预报进行的水库预报调度也有不少实践经验，使水库效益得到进一步发挥。对多沙河流上的水库，为使其能延长使用年限而采取的水沙调度方式已经取得了成果。由于水库的大量兴建，对于水库优化调度也在理论与实践上进行了探讨。在中国，丹江口、三门峡、小浪底、三峡等水利枢纽的建成与运行都为水库的调度工作积累了不少经验。

根据调度的目的，常规水库调度通常可分为防洪调度、兴利调度、综合利用调度等。防洪调度是指根据河流上下游及水库自身的防洪要求、自然条件、洪水特性、工程情况等，拟定合理的运行方式，控制水库蓄泄洪水的过程；兴利调度是指为满足发电、灌溉、供水、航运等兴利部门的需要，拟定合理的水库运行方式，一般包括发电调度、灌溉调度、供水调度和航运调度的要求等；综合利用调度则是指对综合利用水库，根据综合利用原则，拟定合理的水库运行方式，使国民经济各部门的要求得到较好的协调，获得较好的综合利用效益。

因此，加强水库运行管理，实施合理科学的水库调度，是对水资源进行控制运用的重要手段，对于确保水库安全，充分发挥防洪和兴利、生态等综合效益，实现水资源的合理配置和可持续利用，促进经济社会可持续发展及人与自然和谐相处，都具有十分重要的意义。

二、水库调度的特点

1. 多目标性

水库工程多功能的特性，决定了水库调度时要综合考虑各部门、各地区、上下游、左右岸各方面的安全和利益。

2. 风险性

河川径流、电力负荷、气候条件、其他用水信息等因素可视为随机变量，这些因素的随机性直接决定了水电站及其水库的运行调度方式具有一定的风险性。

3. 经济性

通过水电站水库的合理调度，可以在保证工程安全的前提下，提高天然径流的利用效率，增加发电效益。

4. 灵活性

水电站可以针对河川径流来水、电力负荷灵活机动地调节水库的蓄泄水量，同时，水轮机等动力设备、闸门等具有启闭迅速、工作灵活的特点，保证了水库调度的灵活性。

三、水库调度图

水库调度图是进行水库常规调度的基本依据。调度图根据河川径流特性及电力系统和综合用水部门的要求，按水库调度的目的进行编制[10]，它综合反映了各部门的用水要求和水利水电工程的调度原则，是指导水利水电工程日常运行的有效工具。

水库调度图是由一定时期的一组具有控制性意义的水库蓄水量（或水位）变化过程线（称为调度线）及由这些线所划分的若干调度区组成的平面图，通常以时间（月、旬）为横坐标，以水库水位或蓄水量为纵坐标（图2-1）。它综合反映了各种来水条件下的水库调度规则。

在实际运行过程中，即使缺乏水库来水的径流预报，也可根据各时刻的水库实际蓄水情况，按照水库调度图及其所体现的调度规则，决定水库的工作方式，即决定在各个时刻水电站的合理出力，以及水库的下泄流量。按照水库调度图进行调度，可以使各种矛盾得到妥善地解决，较好地满足各个方面的要求，获得较大的运行效益。

一般水利水电工程的水库调度图包括以下调度线。

（1）基本调度线，分上基本调度线和下基本调度线[11]，是体现水电站能够按照保证出力正常运行的边界线。

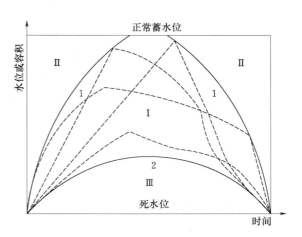

图 2-1 某水电站水库调度图
1—上基本调度线；2—下基本调度线；
Ⅰ—保证出力区；Ⅱ—加大出力区；Ⅲ—降低出力区

上基本调度线（又称防破坏线）表示水电站按保证出力图工作时，各时刻所需的最高库水位，利用它就使水库管理人员在任何年供水期中（特枯年例外）有可能知道水库中何时有多余水量，可以使水电站加大出力工作，以充分利用水资源。

下基本调度线（又称限制出力线）表示水电站按保证出力图工作所需的最低库水位，当某时刻库水位低于该线所表示的库水位时，水电站就要降低出力工作了。

由图 2-1 可见，上、下基本调度线将水库调度图划分为三个主要区域：

Ⅰ区——保证出力区，即上、下基本调度线之间的区域，当水库水位在此区域时，水电站可按保证出力图工作，以保证电力系统正常运行；

Ⅱ区——加大出力区，即上基本调度线以上的区域，当水库水位在此区域内时，水电站可以加大出力（大于保证出力图规定的出力）工作，以充分利用水能资源；

Ⅲ区——降低出力区，即下基本调度线以下区域，当水库水位在此区域内时，水电站应降低出力（小于保证出力图所规定的出力）工作，以减小正常工作破坏的程度。

（2）加大出力线，在上基本调度线以上，按照各时刻同样的加大出力比例绘制的调度线称为加大出力线，如取上基本调度线所对应的保证出力的1.1倍、1.2倍……可给出一组加大出力线，最大的一条称为防弃水线。加大出力线是体现多水条件下对水库多余水量的合理利用方式及相应的调度规则。

（3）降低出力线，在下基本调度线以下，按照各时刻同样的降低出力比例绘制的调度线称为降低出力线，如取下基本调度线所对应的保证出力的0.9倍、0.8倍……可给出一组降低出力线。降低出力线是体现水电站在特枯条件下水库蓄水又不足时，水电站正常工作合理破坏的方式及相应的调度规则。

加大出力线和降低出力线又统称为辅助调度线。

第二节　水库发电调度

修建水库的意义在于调节天然径流，它可以将大量的水积蓄在库内，然后根据需要下泄库存水量。水库在积蓄了大量水体的同时也积蓄了大量的能量，为充分利用库内的水能资源，将水库的水通过水轮机组进行发电，不但可以控制下泄流量，还能将水能资源转变为电力资源，提高综合效益。水库发电调度也是水利水电工程调度的一项重要内容。

一、水库发电调度一般原则

（1）在设计水文条件下，应抓紧时间使水库蓄满，从而抬高水库水位增加水能储量，以保证水电站在整个调节期都能按保证运行方式工作，同时综合考虑其他部门的用水要求。

（2）在比设计条件更有利的水文条件下，应当在确保水库大坝及上下游防洪安全、保证水电站及其他综合利用部门正常工作不被破坏的前提下，充分利用河川径流和水库调节能力，合理加大出力，减少弃水，使水电站工作更经济。

（3）在比设计条件更不利的水文条件下，水电站及其他综合利用部门正常工作的破坏是不可避免的，为减小由此破坏所带来的损失，在保证必需用水的条件下，水电站应适当降低出力工作[12]。

一般在水库来水不能准确预知的情况下，为了适应各种来水条件，提高经济效益，常编制水库发电调度图，根据水库发电调度图进行调度。在水库的规划设计和运行调度中，广泛使用时历法和数理统计法来绘制水库发电调度图。

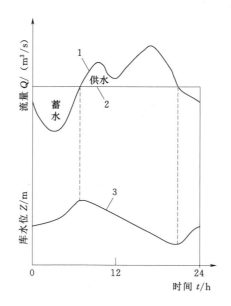

图 2-2　径流日调节
1—用水流量；2—天然日平均流量；
3—库水位变化过程线

二、发电调度类型

发电调度的类型一般可根据调节周期的长短来划分。调节周期是指水库发电库容从库空到蓄满，再放空，这样一个完整的蓄放过程所需的时间。一般可分为日调节、周调节、年调节和多年调节等多种类型。

1. 日调节

除洪水季节外，河川径流在一昼夜内的变化基本是均匀的，而用水部门的需水要求往往是不均匀的。水电站发电用水随负荷的变化而改变，当用水小于河流来水时，就将多余水量蓄存在水库内，供来水不足时使用。这种在一昼夜内将天然径流按发电需要进行重新分配的调节，叫日调节，其调节周期为24h（图2-2）。在洪水期，天然来水丰富，水电站总是以全部装机容量投入运行，整日处于满负荷运行，不必进行日调节。

2. 周调节

在枯水季节，河川径流在一周之内变化不大，但用水部门每天的用水需求不尽相同。例如休假日负荷较小，发电用水也少，这时可把多余水量存入水库，用于负荷较大之日。这种将天然径流在一周内按需要进行分配的调节称为周调节，其调节周期为一周（图2-3）。进行周调节的水库一般可同时进行日调节。

3. 年调节

一年之内河川径流变化很大，丰水期和枯水期水量相差悬殊。根据防洪和发电要求对天然径流在一年内进行各月重新分配的调节，称为年调节，其调节周期为一年。它的任务是按照用水部门的年内需水过程，将一年中丰水期多余水量储存在水库中，以提高枯水期的供水量。当水库已经蓄满而来水量仍大于用水量时，将发生弃水，根据调节程度可分为不完全年调节（季调节）和完全年调节。通常把仅能储存丰水期部分多余水量的径流调节，称为不完全年调节；而能将年内全部来水量完全按用水要求重新分配而不发生弃水的径流调节，称为完全年调节（图2-4）。显然，完全年调节和不完全年调节的概念是相对的，它取决于库容的大小和来水量的多少。例如对同一水库而言，可能在一般年份能进行完全年调节，但遇丰水年就很可能发生弃水，只能进行不完全年调节。年调节水库一般可同时进行周调节和日调节。

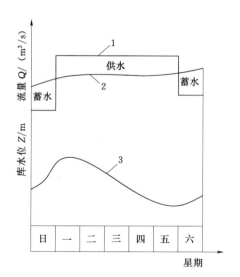

图2-3 径流周调节
1—用水流量；2—天然日平均流量；
3—库水位变化过程线

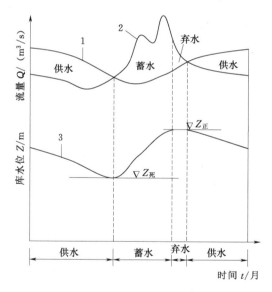

图2-4 径流年调节
1—用水流量；2—天然来水流量；
3—库水位变化过程线

4. 多年调节

径流多年调节的任务是利用水库兴利库容将丰水年的多余水量储存在水库中，用以提高枯水年的供水量。这种把天然径流在年际间进行重新分配的调节，称为多年调节。这时，水库的兴利库容往往需经过若干丰水年才能蓄满，然后将储存水量分配在若干个枯水年份里用掉，即调节周期为多年。一般多年调节水库须储存一个丰水年系列的多余水量，其库容很大，调节能力很强，所以多年调节水库也可同时进行年调节、周调节和日调节。

由于日调节、周调节型水库容量小，调节周期短，不需考虑长期运行调度，可只按来水条件与发电需求控制水库运行方式，蓄泄来水，故不需制定水库调度图。年调节和多年调节水库容量大，调节周期长，对社会经济影响大，有明显的蓄水期、供水期之分，水库控制运用方式对社会、经济及环境等方面有重要的影响，故需制定科学合理的水库调度图，来指导水库的运行调度，以充分利用水资源，促进社会经济的快速安全发展。故下面以年调节为例，说明发电调度图绘制的一般过程。

三、年调节水库发电调度图的绘制

（一）基本调度线的绘制

1. 核定保证出力与保证出力图

保证出力与保证出力图是绘制水库基本调度线的重要依据，在编制水库调度方案时，必须进行核定。年调节水电站的保证出力 $N_保$，是指在相应于设计保证率的水文条件下，水电站在供水期所能提供的平均出力，是反映水电站在设计枯水年下的动力指标[13]。因为对年调节水电站水库来说，供水期（一般在冬季）的天然来水最少，水电站所能提供的出力也最小，而一年内电力系统的最大用电负荷一般也在供水期，因此，水电站如果能在供水期满足电力系统用电要求，即能够使水电站正常工作不受破坏的话，那么在一年内的其他时期，水电站也可以满足电力系统的用电要求。

通常，可采用设计枯水年法计算保证出力，先以实测径流系列为依据选出设计枯水年，再对设计枯水年供水期按等流量进行径流调节及水能计算，取该供水期的平均出力作为年调节水电站的保证出力，进而得到保证电量，具体步骤如下。

（1）收集某水库 T 年的径流资料，绘制其水文年平均流量频率曲线并计算其多年平均流量：

$$\overline{Q_T} = \frac{\sum_{i=1}^{T} Q_i}{T} \tag{2-1}$$

式中：$\overline{Q_T}$ 为多年年平均流量，m^3/s；Q_i 为第 i 年的年平均流量，m^3/s；T 为径流资料年数。

（2）收集数据，绘制该水库水位（Z）与容积（V）特性曲线（$Z-V$ 曲线），绘制下游水位（$Z_下$）与流量（Q）关系曲线（$Z_下-Q$ 曲线）。

（3）根据已知的水电站设计保证率 $P_设$ 选择设计枯水年，可近似按来水保证率选择；根据设计保证率 $P_设$ 在年平均流量频率曲线上，查得相应的年平均流量 Q_p；选择年平均流量接近 Q_p，且年内分配具有代表性的年份为设计枯水典型年。为了使典型年平均流量 $Q_枯$ 符合设计保证率要求，需要对所选典型年的流量进行修正，为此，应将该年各月流量都乘以修正系数 $\alpha = \dfrac{Q_p}{Q_枯}$，便得到设计枯水年符合设计保证率的逐月流量。

（4）求供水期调节流量 $Q_调$。以兴利库容 $V_兴$ 对所选出的设计枯水年进行等流量调节计算（即假设供水期每个月的发电流量相同），求得该年供水期调节流量 $Q_调$，即为水电站在

保证出力时的引用流量。$Q_调$可按式（2-2）试算求得

$$Q_调 = \frac{\sum_{i=1}^{n_供} Q_i + V_兴}{n_供} \qquad (2-2)$$

式中：Q_i 为供水期第 i 个月的来水平均流量，m^3/s；$\sum_{i=1}^{n_供} Q_i$ 为供水期水库来水总量，$(\text{m}^3/\text{s})\cdot$月；$V_兴$ 为水库兴利库容，$(\text{m}^3/\text{s})\cdot$月；$n_供$ 为供水期月数。

（5）求保证出力和保证电量。从供水期的第一个月开始，对设计枯水年供水期逐月进行水能计算，求得供水期的保证出力和保证电量：

$$N_保 = AQ_调 H_供 （\text{kW}） \qquad (2-3)$$

式中：$N_保$ 为水电站保证出力，kW；A 为水电站出力系数，大中型水电站 $A=8.0\sim8.5$，中小型水电站 $A=6.5\sim8.0$；$H_供$ 为供水期发电的平均水头，m；$Q_调$ 同上。

于是，保证电量 $E_保$（一个月近似按 730h 计）为

$$E_保 = 730N_保 n_供 \qquad (2-4)$$

式中：$E_保$ 为保证电量，$\text{kW}\cdot\text{h}$；$n_供$ 为供水期月数。

2. 绘制水电站保证出力图

保证出力图是指满足设计保证率要求的水电站在一年内逐月的平均出力图，它反映着水电站的保证运行方式，其获得一般有三种方式。

（1）通常根据 $N_保$（或 $E_保$）进行电力系统全年电力电量平衡确定。

（2）若缺乏资料而无法进行电力电量平衡时，可以在水电站以往正常运行的资料中，选用一个偏枯年份的水电站负荷逐月分配作为典型负荷图，然后，根据前面核定的保证出力进行修正，即以保证出力与该典型年负荷图相应时期（即年调节水电站的供水期）平均负荷的比值，乘以典型年逐月平均负荷，则得保证出力图。

（3）如果难以选出正常运行的负荷分配典型年时，也可使非汛期各月出力等于保证出力，汛期各月出力等于 $2\sim3$ 倍保证出力，作为简化的保证出力图。

3. 绘制基本调度线

首先选择符合水电站设计保证率的不同年内分配的几个典型年，并对之进行必要的修正，使它满足两个条件：一是典型年供水期的平均出力等于或接近保证出力；二是供水期的终止时刻与设计保证率范围内多数年份一致[14]。然后均按保证出力图自供水期末死水位开始，逆时序进行水能计算至供水期初，又接着算至蓄水期初回到死水位，得到各典型年水电站按保证出力图工作所需的水库蓄水指示线。最后取各典型年水库蓄水指示线的上、下包络线，并经过适当修正，即可得到上、下两条基本调度线。

由于供水期末下基本调度线的末端点往往与上基本调度线的末端点不重合，所以当下一年汛期到来较迟时，可能引起正常工作的集中破坏，如图 2-5（a）中虚线所示。因此，需进行修正（图 2-5），即将下基本调度线水平移动至其末端点与上基本调度线末端点重合的位置［如图 2-5（a）中实线 2 所示］，或将下基本调度线的上端点与上基本调度线的下端点连接起来，如图 2-5（b）中实线 2 所示。

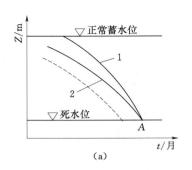 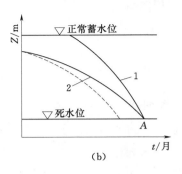

(a)　　　　　　　　　　　　　(b)

图 2-5　供水期基本调度线的修正

1—上基本调度线 ；2—修正后的下基本调度线

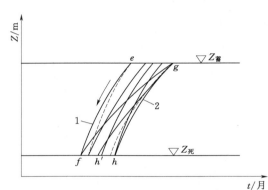

图 2-6　蓄水期基本调度线的修正

1—上基本调度线 ；2—修正后的下基本调度线

另外，在蓄水期初，下基本调度线始端点与上基本调度线始端点很接近，导致在蓄水期刚开始就要求水电站降低出力，这显然不合理。此时，常将下调度线的起点 h' 向后移至洪水开始最迟的时刻 h 点，并做 gh 光滑曲线（图 2-6）。

水电站正常工作时的水库水位应在上、下基本调度线之间。

（二）加大出力线的绘制

当年调节水库在运行中遇到天然来水较丰富的情况时，在 t_i 时刻水库实际水位可能高于水库上基本调度线，则水电站应加大出力以充分利用多蓄的水量。利用水库多余水量来加大出力的方式一般有三种：①立即加大出力（图 2-7 中①线），使多余水量很快用掉，尽快使水库水位回落到上基本调度线上；该方式出力不均匀，由于短时间内出力突增，对系统中火电站的运行不利；②后期集中加大出力（图 2-7 中②线）将多余水量保留到调节期末集中加大出力，这样可使水电站在较长时期保持较高的发电水头，增加发电量。但如果汛期提前到来，则有可能产生不应有的弃水；③均匀加大出力（图 2-7 中③线）在以后的调节期内均匀加大出力，可使增加出力均匀，时间较长，对电力系统较有利，也能充分利用多余水量，是经常采用的一种增加出力方式。

当确定了加大出力的方式后，即可以上基本调度线为出发点，利用分级列表法计算绘出加大出力线。具体步骤如下。

（1）根据上基本调度线和保证出力图用

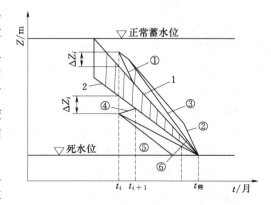

图 2-7　加大出力和降低出力的调度方式

1—上基本调度线 ；2—下基本调度线

列表计算法推求出相应各时段的发电用水量,由水量平衡公式推求水库的来水过程,作为推求各加大出力线的计算典型年径流过程。

(2) 对以上推求的计算典型年径流过程分别按不同等级的加大出力值,即取大于保证出力 $N_保$,但不超过机组所能发出的最大出力的若干个出力值,如 $1.2N_保$,$1.5N_保$,$1.8N_保$,…,N_{max},从供水期末上基本调度线相应的指示水位起,对整个调节年逆时序逐时段试算,直至蓄水期初水库水位落至相应水位为止,求得相应各加大出力的各时段初的蓄水指示水位。

(3) 将计算得到的各加大出力值对应各时段初的蓄水指示水位点绘于调度图中,除去正常蓄水位及防洪限制水位以上的部分,即得到一组加大出力线,其中按最大出力工作的水库指示线称为最大出力线,也称防弃水线。

(三) 降低出力线的绘制

在水利工程的正常运行过程中,当遇到特枯年份时,天然来水量很小,而水电站仍按保证出力图工作,经过一段时间后,水库水位会落到下基本调度线以下,水量明显不足,水电站正常工作将遭受破坏。与加大出力调度方式类似,此时为减小正常工作的破坏程度,水电站也有 3 种可以选择的调度方式:①立即减少出力(图 2-7 中④线),使水库水位很快回蓄到下基本调度线,水电站破坏时间比较短;②继续按保证出力图工作,直至死水位,以后就按天然流量工作(图 2-7 中⑤线)如果天然来水很少,将引起水电站正常工作的集中破坏;③均匀减少出力直至供水期结束(图 2-7 中⑥线),这种方式使正常工作均匀破坏,破坏程度较小,时间较长,系统补充容量较容易,是比较常用的运行方式。确定了降低出力方式后,同样也可以采用与计算加大出力线类似的分级列表法计算、绘制降低出力调度线,此时应以下基本调度线为出发点绘制。

将上述的水库调度基本调度线、加大出力线、降低出力线绘于同一张图上,即得到以发电为目的的水库调度图,根据该图可以比较有效地指导水电站的发电调度运行。

【例 2-1】 某年调节水电站水库,其正常蓄水位为 144m,相应库容 68.26 (m³/s)·月,死水位为 130m,相应库容 33.90 (m³/s)·月,设计洪水位 147.38m,校核洪水位 149.36m,水电站设计保证率为 85%,最大水头为 48m,装置 4 台 2000kW 水轮发电机机组。现要求绘制水电站水库的基本调度线。

(1) 水库基本资料。

1) 坝址径流资料 28 年 (1954—1981 年)(略)。

2) 坝址下游水位流量关系曲线资料,已拟合方程为

$$Q = 4.94Z^2 - 978.151Z + 48421.607$$

式中:Q 为流量,m³/s;Z 为下游水位,m。

3) 水位库容曲线资料,已拟合方程为

$$V = 0.07578Z^2 - 18.3095Z + 1133.454 \quad (130 \leqslant Z \leqslant 144)$$

式中:Z 为水库水位,m;V 为库容,(m³/s)·月。

(2) 绘制基本调度线。

1) 推求各年供水期的平均出力,根据 28 年径流资料,按等流量调节计算法,计算各年供水期的平均出力,见表 2-1(以 1971 年为例)。

表 2-1　　　　　　　　　　　　　　　　　1971 年供水期出力计算表

月份	入库流量 $Q_入$/ (m^3/s)	调节流量 $Q_调$/ (m^3/s)	水库存放水量 ΔV/ $(m^3/s)\cdot$月	月末库蓄水量 V_2/ $(m^3/s)\cdot$月	月末库水位 $Z_上$/m	平均库水位 $\bar{Z}_上$/m	平均下游水位 $\bar{Z}_下$/m	平均水头 $\bar{H}$/m	出力 /kW
8	6.42	7.92	−1.50	68.26	144.0	143.8	100.2	43.6	2935
9	3.18	7.92	−4.74	66.76	143.6	142.9	100.2	42.7	2875
10	2.94	7.92	−4.98	62.02	142.2	141.4	100.2	41.2	2774
11	2.92	7.92	−5.01	57.04	140.5	139.7	100.2	39.5	2659
12	2.52	7.92	−5.04	52.03	138.8	137.7	100.2	37.5	2525
1	2.12	7.92	−5.80	46.63	136.6	135.3	100.2	35.1	2363
2	4.53	7.92	−3.39	40.83	134.0	133.1	100.2	32.7	2215
3	4.38	7.92	−3.54	37.44	132.2	131.1	100.2	30.0	2090
平均值				33.90	130.0				2553

2）选择设计代表年，将各年供水期的平均出力由大到小排列计算各年供水期的保证率，见表 2-2，并选取与设计保证率 85％相近似的 1971 年为保证出力的设计代表年，其保证出力 $N_保=2553kW$，其调节流量 $Q_调=7.92m^3/s$。

表 2-2　　　　　　　　　　　　　　供水期平均出力保证率计算表

序号 m	年份	出力/kW	$P=\dfrac{m}{N+1}$％	序号 m	年份	出力/kW	$P=\dfrac{m}{N+1}$％
1	1975	4020	3.4	15	1955	3062	51.7
2	1970	3952	6.9	16	1965	3049	55.2
3	1972	3617	10.3	17	1962	3014	58.6
4	1961	3552	13.8	18	1974	3014	62.1
5	1981	3462	17.2	19	1966	2911	65.5
6	1958	3410	20.7	20	1976	2850	69.0
7	1969	3362	24.1	21	1967	2808	72.4
8	1980	3362	27.6	22	1963	2734	75.9
9	1977	3275	31.0	23	1968	2650	79.3
10	1954	3214	34.5	24	1959	2627	82.8
11	1979	3198	37.9	25	1971	2553	86.2
12	1973	3149	41.4	26	1964	2482	89.7
13	1959	3120	44.8	27	1978	2462	93.1
14	1960	3101	48.3	28	1956	2453	96.6

注　$N=28$ 为总年数，m 为出力从大到小排队的序号，最大出力年份 $m=1$，…最小出力年份 $m=N$（此处为 28），下同。

3) 选择典型年并修正其入库径流，选择与设计保证率 $P=85\%$ 供水期调节流量相近，而供水期起讫日期不同，年内径流分配不同的 1963 年、1968 年、1959 年、1964 年、1978 年共 5 年为典型年，并以设计代表年 1971 年供水期的调节流量为准进行修正，得出典型年各月入库流量。修正系数计算如下：

$$修正系数\ \alpha=\frac{\overline{Q}_{85\%}}{Q_{典}}$$

式中：$\overline{Q}_{85\%}$ 为设计代表年 1971 年供水期的调节流量；$Q_{典}$ 为典型年供水期的调节流量，其中 1978 年供水期修正后的入库径流见表 2-3。

表 2-3　　　　　　　　　1978 年供水期流量修正计算表（$\alpha=1.039$）　　　　单位：m^3/s

月份	7	8	9	10	11	12	1	2	3
1978 年原值	5.36	4.90	3.19	3.05	3.56	2.37	2.62	4.33	6.02
修正后值	5.57	5.09	3.31	3.17	3.70	2.46	2.72	4.50	6.25

4) 按月出力等于保证出力要求，分别对各典型年供水期求修正后的入库流量，自死水位 130m 开始，做逆时序等出力调节计算，得出水库水位过程线，其中 1978 年的过程见表 2-4。

表 2-4　　　　　　　　　　　　　　1978 年供水期调节计算表

月份	入库流量 $Q_入/$ (m^3/s)	调节流量 $Q_调/$ (m^3/s)	水库存放水量 $\Delta V/$ [（m^3 /s)·月]	月末库蓄水量 $V_2/$ [（m^3 /s)·月]	月末库水位 $Z_上/m$	平均库水位 $\overline{Z}_上/m$	平均下游水位 $\overline{Z}_下/m$	平均水头 $\overline{H}/m$	出力 /kW
3	6.25	9.7	3.45	33.90	130.00	131.06	100.2	30.86	2553
2	4.50	9.1	4.60	37.35	132.12	133.32	100.2	33.12	2553
1	2.72	8.5	5.78	41.95	134.52	135.79	100.2	35.59	2553
12	2.46	7.9	5.44	47.73	137.06	138.11	100.2	37.91	2553
11	3.70	7.6	3.90	53.17	139.15	139.83	100.2	39.63	2553
10	3.17	7.3	4.13	57.07	140.50	141.20	100.2	41.00	2553
9	3.31	7.1	3.79	61.20	141.90	142.46	100.2	42.26	2553
8	5.09	7.0	1.91	64.99	143.02	143.31	100.2	43.11	2553
7	5.57	6.9	1.33	66.90	143.60	143.80	100.2	43.60	2553
				68.23	144.00				

5) 以类似方法计算各年蓄水期水位过程线，由于蓄水期的出力一般较供水期大，为了简便，本例用各年蓄水期的天然来水量作保证率计算，见表 2-5。选择设计保证率 $P=85\%$ 的 1972 年为蓄水期的设计代表年，并且选择 1964 年、1980 年、1965 年、1959 年、1963 年共五年为蓄水期的典型年，经入库流量修正后，按各月出力等于保证出力的要求，自正常蓄水位 144.0m 开始，做逆时序等出力调节计算，求得各典型年供水期的水库水位过程线，其中 1972 年过程见表 2-6。

表 2－5 蓄水期入库水量保证率计算表

序号 m	年份	蓄水期入库水量 /［（m³/s）·月］	$P=\frac{m}{N+1}\%$	序号 m	年份	蓄水期入库水量 /［（m³/s）·月］	$P=\frac{m}{N+1}\%$
1	1954	190.47	3.4	15	1981	92.17	51.7
2	1973	152.86	6.9	16	1974	92.08	55.2
3	1970	136.49	10.3	17	1960	88.49	58.6
4	1975	123.60	13.8	18	1979	87.22	62.1
5	1962	118.43	17.2	19	1956	84.65	65.5
6	1969	115.63	20.7	20	1957	84.47	69.0
7	1967	113.72	24.1	21	1978	84.08	72.4
8	1955	110.46	27.6	22	1964	81.55	75.9
9	1966	105.23	31.0	23	1980	78.12	79.3
10	1976	103.49	34.5	24	1965	64.83	82.8
11	1977	100.49	37.9	25	1972	63.33	86.2
12	1961	97.06	41.4	26	1959	61.25	89.7
13	1971	94.53	44.8	27	1963	53.70	93.1
14	1958	93.46	48.3	28	1968	51.78	96.6

表 2－6 1972 年蓄水期调节计算表

月份	入库流量 $Q_入$/（m³/s）	调节流量 $Q_调$/（m³/s）	水库存放水量 ΔV/［（m³/s）·月］	月末库蓄水量 V_2/［（m³/s）·月］	月末库水位 $Z_上$/m	平均库水位 $\overline{Z}_上$/m	平均下游水位 $\overline{Z}_下$/m	平均水头 $\overline{H}$/m	出力 /kW
7	38.44	7.7	30.74	68.26	144.00	139.11	100.11	39.00	2553
6	11.55	9.5	2.05	37.52	132.31	131.72	100.26	31.46	2553
				35.47	131.06				
5	13.34	9.9	1.57	33.90	130.00	130.55	100.30	30.25	2553

6）绘制基本调度线。将以上计算所得各典型年供、蓄水期各时刻的水位，点绘于坐标图上，做出上、下包线如图 2－8 所示，加以修正，取消重复和局部不合理部分，得出水电站水库基本调度线如图 2－9 所示。

本例中供水期的下包线的修正方法采用图 2－5（b）所示方法，将供水期和蓄水期合起来绘在一张图上时，4 月与 6、7 重复，根据资料分析，大多数年份供水期在 4 月结束，考虑到本电站为不完全年调节，将蓄水期向后平推一个月，即 5 月开始，便形成了以12 个月为循环的年调节调度图，如图 2－9 所示。

四、多年调节水库的发电调度图

对于多年调节水电站，其水库调度图绘制的原则与年调节水库类似，但是考虑到多年调节水电站的调节周期长，人们所能获取的水文资料有限，在实际工作中，一般采用简化方法，只研究枯水年组的第一年和最后一年的情况。

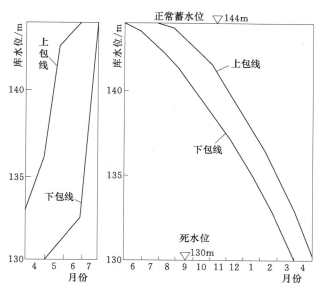

图 2-8　供水期、蓄水期上、下包线图

多年调节水库的发电库容较大，可看作由两部分组成：对径流进行年际调节的部分称为多年库容 $V_{多年}$；进行径流年内调节的部分称为年库容 $V_{年}$。多年库容是为了蓄存丰水年的余水量以补充枯水年组的不足水量，使枯水年组的各年都能得到正常供水。当水库的多年库容未蓄满时，不应加大供水，也即只有在多年库容蓄满后才可能加大供水，这与枯水年组的第一年的工作情况有关，假设该年年末多年库容保证蓄满，而且该年来水正好满足该年供水的需要，则对这一年份求出的水库蓄水过程点绘出的蓄水指示线即为上基本调度线。同样，当多年库容未放空之前不应限制供水，也即只有在多年库容放空后才能限制供水，这与枯水年组的最后一年的工作情况有关，假定该年年初多年库容已经放空，且该年来水正好满足该年供水的需要，则由此绘出的该年水库蓄水指示线即为下基本调度线。

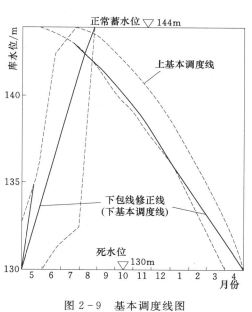

图 2-9　基本调度线图

多年调节水库加大、降低出力线的绘制与年调节水库类似，在此不再赘述。

第三节　水库防洪调度

防洪调度是指运用防洪工程及非工程措施，对汛期发生的洪水，有计划地进行控制调节的工作[15]。它是为了确保水利水电工程安全，实现防洪任务，使之充分发挥综合效益而采用的控制运用方式，涉及工程上下游地区的安全和综合效益的发挥，对国民经济具有重大影响。

当水库有下游防洪任务时，它的主要作用是削减下泄洪水流量，使其不超过下游河床的安全泄量，水库的调洪作用如下。

（1）滞洪。在一次洪峰到来时，将超过下游安全泄量的那部分洪水暂时拦蓄在水库中，待洪峰过去后，再将拦蓄的洪水下泄掉，腾出库容以迎接下一次洪水。

（2）错洪。当水库下泄的洪水与下游区间洪水或支流洪水相遇、叠加后，其总量超过下游河床安全泄量时，要求水库起"错峰"的作用，使下泄洪水不与下游洪水同步到达防护地区。

（3）蓄洪。将一部分或全部洪水拦蓄起来，供兴利之用。

水库防洪调度的任务有：一是在发生水工建筑物设计洪水或校核洪水时确保水利枢纽的安全；二是在发生超过下游防洪标准的洪水时，确保下游防洪安全。

一、防洪调度图

为了有效地利用防洪库容，合理解决水库安全与下游防洪的矛盾，以及防洪安全与兴利蓄水的矛盾，一般水库都要绘制防洪调度图（图 2-10）。

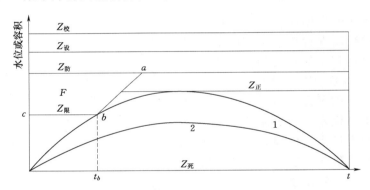

图 2-10　某水库防洪、发电调度图

1—上基本调度线 ；2—下基本调度线

防洪调度图是指导水库防洪调度的基本依据，它根据上游来水特性和受保护地区的防洪要求而编制，综合反映了水库进行防洪调度的调度原则。防洪调度图由水库在汛期各个时刻的蓄水指示线组成，反映了汛期内不同时刻，为了拦蓄洪水，水库所必须留出的防洪库容[16]。它由防洪调度线、防洪限制水位等汛期各个时刻蓄水指示线及由这些指示线所划分的汛期各级调洪区构成，见图 2-10。

防洪调度线的绘制方法是：先根据设计洪水可能出现的最迟日期 t_b 在发电调度图的上基本调度线上定出 b 点，见图 2-10，该点相应的水位即为汛期防洪限制水位 $Z_限$，其与防洪高水位（$Z_防$）之间的水库容积即为防洪库容值。根据防洪库容值及下游防洪标准的洪水过程线，经水库调洪演算得到水库蓄水量过程线，然后将该线移到水库发电调度图上，使其起点与上基本调度线上的 b 点重合，由此得出的线 ab 即为防洪调度线，abc 线以上的区域 F 即为防洪限制区，c 点相应的时间为汛期开始时间。在整个汛期内，水库蓄水量一旦超过防洪调度线 ab，水库即应以安全下泄量或闸门全开进行泄洪，使水库水位回到防洪调度线上。实际工作中，为了确保防洪安全，应选择几个不同的典型洪水过程线，分别绘制其蓄水过程，然后取下包线，得到防洪调度线。

二、调洪方式

水库调洪方式是指根据水库防洪要求（包括大坝安全和下游防洪要求），对一场洪水进行防洪调度时，利用泄洪建筑设施泄放流量的基本形式。一般可分为对水库下游无防洪任务的自由敞泄方式和对下游有防洪任务的控制泄流方式[17]，其中后者又可分为固定泄流、补偿调节和错峰调节等。

（1）下游无防洪任务时，可采用自由泄流方式，即在调度时，只需考虑水库工程本身的防洪安全，下泄流量不受控制。

（2）下游有防洪任务时，需要对下泄流量进行控制。这时，水库不但要拟定水库本身及下游防洪各自的调度方式，还要把两者统一起来。

当水库距离下游控制点较近，区间来水较少，可忽略不计时，就可采用固定下泄的调度方式，泄流量根据下游保护对象的重要性及抗洪能力而定。

当水库距下游控制点较远，区间集水面积较大，区间来水不可忽略时，要充分发挥防洪库容的作用，采用补偿调节的方式，即水库下泄流量 $Q_{库泄}$ 加上区间来水 $Q_{区间}$ 的总和要不大于下游控制点的安全流量。如果区间洪水汇流时间太短，水库无法根据区间洪水过程进行补偿调节，为了下游的安全，只能根据预报区间出现的洪峰，水库在一定时间内关闭闸门，错开洪峰汇集时间，以满足下游防洪要求。

三、调洪规则

水库调洪规则是根据水库防洪调度原则和实际来水情况进行水库水量调度，决定水库调洪方式的有关规定和具体要求，一般包括判别洪水大小的具体条件、控制流量的等级与数值、各种调洪库容与其他防洪措施的使用方式与程序等，每个水库的调洪规则需根据各自的具体情况来拟定。按照不同洪水的判别条件，常有以下几种决定调洪规则的方法[18]。

（1）最高水位判别法。以各种频率洪水的水库最高调洪水位为判别条件的方法。在洪水调度时，根据实际的库水位达到哪种频率洪水的最高调洪水位来判别入库洪水的级别，并由此确定水库以该频率洪水的调洪规则控制泄流。用该法作为判别条件，一般不会发生未达到标准就加大泄量的情况，但由于加大泄量较迟，对泄洪时机掌握较晚，因而水库需要较大的调洪库容。

（2）最大流量判别法。以各种频率洪水的洪峰流量为判别条件的方法。在洪水调度时，根据预报的入库流量达到哪种频率洪水的洪峰流量来判别入库洪水的级别，并由此决定水库以该频率洪水的调洪规则控制泄流。一般适用于调洪库容小、洪峰流量对库水位的变化起主要作用的水库。

（3）综合判别法。以上两种判别条件相结合的方法。例如，在洪水调度时，可按库水位和入库流量中哪一项先满足各自的最大值（最高洪水位和洪峰流量）来判别洪水大小，并以此决定相应的调洪规则控制泄流。

四、水库群的防洪联合调度

水库群的防洪联合调度是指位于同一条河干流、支流的各水库，为确保各水库区间及下游与各水库大坝的防洪安全，共同进行的防洪调度。

　　若干彼此间有着一定水力或水利联系并共同发挥效益的水库，组成水库群。处于同一河流，沿河分段筑坝并自下而上抬高水位，呈阶梯形状分布的一系列水库组成串联式水库群，也叫梯级水库群［图 2-11（a）］；处于同一水系的不同支流或处于不同水系，而有着若干水利联系的若干水库，组成并联式水库群［图 2-11（b）］；兼有以上两种关系和联系的水库联合在一起时，则组成混联式水库群［图 2-11（c）］。

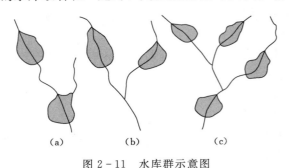

图 2-11　水库群示意图

（a）梯级水库群；（b）并联水库群；（c）混合型水库群

　　水电站水库群联合补偿的主要目的是提高总保证出力，通过采用合理的蓄、泄水方式增加年总发电量。因此，水电站水库群总调度图的基本要求是提出水电站群总保证出力工作区的界限。当采用最有利蓄、泄水方式时，还需提出总加大出力和总降低出力的工作区的界限。

　　由于水库众多，各水库间又有着水力及水利等种种联系，区间及下游防洪要求的情况也很复杂，尽管水库群中各水库的洪水调节原则上可以采用与单一水库相同的方法进行，但水库群的防洪联合调度比单一水库更为复杂。总的来说，它需要解决各水库与下游区间的防洪联合补偿调度问题，主要有：通过洪水情况与组合分析计算，确定各水库的设计、校核洪水标准与各区间及下游的防洪标准，并推求相应的设计洪水；通过联合补偿调洪计算和必要的技术经济论证，确定调洪库容在各水库之间的合理分配及各水库的补偿调洪方式等。调节时应遵循使整个水库群联合防洪效益最大的原则。

　　1. 水库群防洪联合调度的方法

　　水库群防洪联合调度[19]的方法大体可分为以下两类。

　　（1）常规方法。常规方法是一种借助于调度准则的半经验半理论方法。此方法利用水库的抗洪能力图、防洪调度图等经验图表实施防洪调度操作，并考虑了前期一些水文、气象因子对预留防洪库容的影响，此方法对预泄、错峰和补偿调度等具有一定的指导价值。因此，常规方法是目前普遍采用的一种传统方法。但由于常规方法是一种经验性方法，且不能考虑预报因子，所以此法仅适合于中小型水库。

　　（2）系统分析方法。近 50 多年来，系统分析方法在水库群联合调度的研究和实践中得到了广泛应用，并取得了丰硕的成果，此方法先确定水库群防洪系统调度的目标函数，并建立相应的约束条件，然后运用一定的优化方法求得目标函数的极值，从而得到水库群控制运用的最佳调度运行方式。目前常采用的有模拟方法和优化方法。

　　1）模拟方法。模拟方法是将所要研究的客观系统转化为数学模型，利用计算机对数学模型进行有计划、多步骤的多次模拟运行，通过一定的优选技术，分析每次模拟运行的特性，从而选出最优决策。模拟方法与优化方法相比，它通常不受数学模型的限制，即使非常复杂的数学模型，也能够进行模拟运行，且有利于计算机求解。但模拟技术只能提供模拟对象的活动过程，而不能直接产生模拟对象的最优成果，这是它的一个缺点，在应用时，应与数学优选法相结合确定最优解。此外，模拟技术很难使用现有的模拟模型，程序设计的工作量比较大，模拟运转时间也较长。

2）优化方法。优化方法是使用一个包括目标函数和约束方程的简化数学模型，直接求解最优决策。在水库群防洪联合调度研究中，常采用的优化方法有线性规划法、动态规划法、非线性规划法、随机规划法、多目标决策技术、大系统分解协调法等。

2. 水库群防洪联合调度的一般规则

水库群防洪联合调度的一般规则如下。

（1）当不考虑水文预报时，可根据干、支流洪水的涨落趋势、水库蓄水趋势及各水库的位置与大小来决定。若各水库的洪水有一定同步性，为便于控制区间洪水，应采取上游水库"先蓄后放"、而下游水库"先放后蓄"的"后错方式"，即上游水库在洪水开始后先蓄洪，下游水库先放水，等区间洪峰过后，再泄放上游水库所蓄洪水，以达到减小下游水库最大泄量、保证下游防洪安全的目的；若洪水同步性较差，则应根据对洪水地区组成与时间分配、水库位置与大小等因素的综合分析进行防洪联合补偿调度。如处于暴雨中心区上游的水库应发挥最大蓄洪滞洪作用，尽量减少下泄流量，等其下游暴雨洪水过后，再逐渐放水；而处于暴雨中心下游或邻近的水库，则应在确保本身安全的前提下，根据全流域防洪需要，适当蓄泄。

（2）当考虑水文预报时，上下游水库都采取根据预报预报调度的"前错方式"，即在洪峰来到之前水库提前泄放，腾空部分库容，以便当区间出现洪峰时水库能闭闸错峰，减少最大下泄流量，保证防洪安全。在调度中需贯彻"大水多放，小水少放"的原则，充分发挥水库综合效益。

第四节　水库综合利用调度

通常，水利水电工程都有综合利用任务，具有防洪、发电、供水、灌溉及航运等多重功能，在其水库调度过程中必须贯彻综合利用原则，以获得尽可能大的综合效益，这时需妥善处理水库运用中的各个矛盾。

（1）防洪与发电之间的矛盾。防洪要求水库水位比较低，以保证足够富余的库容，发电要求水库水位比较高，以提高发电水头，增加发电量。在枯水期，防洪任务不大，主要考虑防洪和发电的要求。在汛期，尤其是当有下游防洪任务时，水电站水库的防洪调度与防洪发电调度之间有明显的矛盾。解决矛盾的方法是在分析掌握径流规律的基础上，正确处理防洪与发电的关系，在确保水库防洪安全的基础上增加发电量。

（2）当水库下游有航运要求时。主要是在通航保证率范围内，保证在通航季节水电站水库的下泄流量不小于正常通航要求的最小流量；同时还要考虑航运用水对水电站发电的影响，要求在进行电力系统电力电量平衡、确定水电站每日运行方式时，算出相应的基荷部分；此外，航运要求相邻时段间下泄流量的变化不宜过大，避免下游水位的剧烈变化等。

（3）具有发电和灌溉任务的水库调度。从水电站上游库区引水灌溉时，会减小水库的发电用水量并削减发电水头的高度，从而影响水电站的发电量；但在水库调度中，在灌溉设计保证率范围内，灌溉需水期间，水库水位不得低于上游自流灌溉的引水高程，保证正常灌溉用水的需求。灌溉用水一般多直接从水电站天然来水中扣除。由于灌溉用水季节性强，要适时适当才能保证农作物的稳定、高产。因此，灌溉水库调度要遵循作物季节用水特点。

从水电站下游库区引水灌溉时，灌溉引水可以先通过发电后引走，矛盾较小。但是由于灌溉设计保证率与发电设计保证率不相同，灌溉用水方式与发电用水方式还是存在矛盾。一般情况下，在灌溉设计保证率范围内，其正常灌溉用水应予以保证；对于灌溉设计保证率范围以外的年份，其灌溉用水要求应适当降低。

（4）具有防洪调沙任务的水库。调水调沙运用要妥善解决与防洪、发电等其他综合利用的关系[20]。调水调沙的泥沙调度一般分为两个大的时期：一是水库运用初期拦沙和调水调沙运用时期；二是水库拦沙完成后的蓄清排浑调水调沙的正常运用时期。在水库运用初期拦沙和调水调沙运用时期，应保障水库下游水道减淤对水库运用和控制库区淤积形态和综合利用库容的要求，并统筹兼顾灌溉、发电等其他综合利用效益等因素。在水库拦沙完成后的蓄清排浑调水调沙的正常运用时期，要重点考虑保持长期有效库容和水库下游河道要继续减淤两方面的要求，并统筹兼顾灌溉、发电等其他综合利用效益等因素，要重点研究水库蓄清排浑调水调沙运用的泥沙调度指标和方式，保持水库长期有效库容以发挥水库的综合利用效益。

第五节　水库调度图的应用

一、水库调度图及运行规则

将各发电水位、防洪水位及相应调度线绘制在同一张图上，即组成了水利水电工程的水库调度图，综合反映了水库在各种水文条件下的调度规则，用以指导日常工作中的水库运行，控制水库水位，保证整个工程的综合效益。

调度图中的各种调度线和水位线将整个图划分为若干调度区，在调度过程中，视库中水位落于哪一个区域就按该区域要求调度运行。一般而言，具有发电和防洪任务的水库调度规则如下。

（1）当水库水位落在保证出力区时，水电站按保证出力工作。

（2）当水库水位落在加大出力区时，水电站按相应的加大出力进行工作。

（3）当水库水位落在降低出力区时，水电站按相应的降低出力进行工作。

（4）当水库水位升到防洪限制水位与防洪高水位之间的防洪区域时，水电站满负荷运行，并且泄放洪水，注意溢洪道下泄流量加发电流量不能超过下游的安全泄量。

（5）当水库水位处于防洪高水位和设计洪水位之间时，水电站满负荷运行外还需按设计洪水调洪规则泄放洪水。

（6）当水库水位处于设计洪水位与校核洪水位之间时，水电站满负荷运行并且需要按校核洪水调洪规则下泄洪水。

当工程上下游还有其他需水部门时，水库调度过程中，除了上述一般调度规则外，还应制定相应的调度规则，以满足其他部门用水的综合要求。

二、水库调度图的应用

水库调度图作为指导水利水电工程调度的重要工具，在规划设计、日常调度及长期运行中都发挥着重要作用。

（1）可作为水利水电工程规划设计的依据。通过编制水库调度图来求解水库的水利动能指标（如水电站保证出力、年发电量等），可以为选择水电站及水库特征值提供基本依据；还可按径流预报复核工程的各项指标，并进行方案比较，选择最优方案。

（2）可作为日常管理调度的依据。水库调度图是指导水库日常调度的依据，为充分发挥工程的综合效益，根据实测径流资料进行径流预报，并对原始调度图进行修正，决定实用的水库运行方式。

（3）记录水库实际的运行调度情况。水库调度图还可以用于记录水库实际的运行调度情况，以便于进行水利水电工程的成本和效益核算，评价工程的运行效益。

（4）可作为水库优化调度研究的依据。水库调度图能准确表示水库调度过程中决策变量（水位、出力、下泄流量等）与状态变量（水位、蓄能等）之间的关系，根据某一时刻状态变量数值大小及其在水库调度图中的工作区域，就可确定水库运行调度方式。在此基础上，进行水库优化调度的研究，通过对调度线的优化并采用系统理论，得出水库优化调度图，提升了水库的综合利用效益。

本 章 小 结

本章以水库调度图为重心，详细介绍了水库的常规调度方法，阐述了水库调度图的基本组成，并且按照水库发电调度、防洪调度、综合利用调度的顺序，详细说明了水库调度图的绘制过程，让读者深化理解了水库调度的一般方法，为学习水库优化调度方法做了一定的铺垫。

思 考 题

1. 一般的水库调度图有哪几个部分组成？

2. 发电调节按周期长短可分为哪几种？各有什么特点？

3. 什么是年调节水电站的保证出力和保证电量？

4. 什么是水库调度的基本调度线？试简述年调节水库基本调度线的绘制步骤。

5. 试简述几种不同的水库的调洪规则。

6. 水库在考虑综合利用时，灌溉用水与正常发电会存在什么矛盾？应如何解决？

7. 试简述水库调度图具有哪些应用？

第三章 水库优化调度

水库调度的常规调度，以调度规则为依据，利用径流调节理论和水能计算方法来确定水库既定目标的蓄泄过程。它是在实测资料的基础上绘制调度图来指导水库的运用，具有简单直观的优点，但是，由于调度图带有一定的经验性，因而调度结果一般只是可行解而不是最优解，为充分发挥水利水电工程的经济效益，需要进行水库优化调度[21]。水库优化调度是运用系统分析的观点和方法来研究水利水电工程的调度，即将一个水库或水库群视为一个系统，水库来水量作为输入，防洪、发电等综合效益视为输出，库容大小、水位变幅、机组装机容量等限制就是环境约束，通过建立以水库调度效益值为中心的目标函数，拟定相应的约束条件，然后用优化方法求解目标函数和约束条件组成的系统方程组，使得目标函数取得极值[22]，即获得水利水电工程的最佳效益。

根据对水库入库径流的处理方法可将水库优化调度分为确定型和随机型两大类。在确定型优化调度中，由于采用未来径流为已知的确定时序过程的假定，使得优化成果偏大，以致其成果在实际运行中无法实现，只有在规划阶段对十分庞大的计算方案进行简化计算时才有一定的价值，但它可以求解水库数目多达 10 个以上的规模；随机型优化调度则是用随机过程描述径流，它与实际比较吻合，理论上也比较完善，充分利用了已获得的长系列径流资料中所反映的信息，但存在"维数灾"的困难[23]。随机型优化调度将在第六章予以介绍。

本章主要内容是在发电、防洪等水利水电工程系统要求下，建立满足需要的水库优化调度的数学模型，再利用动态规划法进行求解，以解决水利水电工程系统的优化调度问题。

第一节 水库优化调度基本概念

一、系统分析理论

1. 系统

系统是指具有相互联系和相互作用关系，在完成特定功能上相互制约和相互影响的若干元素所组成的有机整体[24]。作为一个完整的系统，应具有以下几个重要特征。

（1）整体性。系统是为完成一定的任务而形成的统一体，所以宏观上看是一个整体，为实现其作用而建立。构成系统的各元素虽然具有不同的性能，但它们不是简单的集合，而是统一称为良好功能的整体。

（2）相关性。组成一个系统的各个元素应相互联系，相互作用，从个体看他们是分开的，从整体上看他们密不可分，相互协调，共同为发挥系统的功能而工作。

（3）目的性。组成系统的目的是为了完成特定的任务，有任务才有系统存在的必要，所以系统不能离开目的任务而存在。

（4）环境适应性。那些具有相互关系的基本单元所构成的统一体的内部就属于系统，而与之有相互作用的其他部分就是环境。一个系统必然要与外部环境产生物质、能量和信息方面的交换，必须要适应环境的变化。

2．系统的组成

系统一般有输入、转换和输出 3 个部分组成。系统需要在特定环境下对输入成分进行处理加工，使它满足一定的目的而变为输出成分。系统工作的约束条件就是所谓的系统环境，所以系统又可以理解为一个把输入转换为输出的转换机构。

3．系统分析

系统分析就是从系统的全局出发，统筹考虑系统内各个组成部分的相互制约关系，力求将复杂的生产问题和社会现象，用物理方法和数学语言来描述，按照拟定的目标准则，通过模拟技术和最优化方法，从多种方案比较中识别和选择最优方案。

系统分析是一种有目的、有步骤的探索和分析问题的方法，它以系统为研究对象，收集、分析和处理有关的数据、资料，运用科学的分析工具和方法，建立若干比较方案或必要的模型，测算系统效益，而得到优化的结果。

系统分析一般包括以下几个阶段：明确问题的内容与边界，确定系统的目标；建立系统的数学模型；运用最优化理论和方法对数学模型求解；进行系统评价确定最优系统方案。

运用系统工程的观点和方法来研究水库调度[25]，就是要在水库枢纽工程参变数已定的条件下，确定完成任务最多、或发挥作用最大而不利影响最小的优化操作。当把水库或库群看成一个系统时，则水库及有关建筑物和设备就是系统的组成要素；入库径流就是输入；防洪、发电和灌溉等综合效益就是输出；库容大小、水位变幅、水电站装机容量和下游防洪要求等限制就是环境。当把水库或水库群系统的各要素和输入输出等通过一定的简化或某些假定后，可用数学形式描述表达，就可以得到水库调度的数学模型，进而可采用最优化方法对数学模型求解而求得最优调度方案。因此，研究水库的最优化调度，需要研究入库径流以便拟定输入；需要构建数学模型；需要探讨最优化的求解方法。

二、径流描述

径流过程是一种连续的随机过程，在时程变化上存在明显的不重复性和随机性，但每年径流的洪枯变化又有周期性，在地区上还有一定的区域性规律。为了全面而准确地反映径流规律[26]，常用以下 3 种方法进行描述。

（1）确定型描述。即对应于某一确定时刻的径流是一个确定值，包括实测或人工生成的径流系列或某些典型过程。比如用于调节计算和调度运用的实测径流过程，按峰控制或按一定时段洪量控制、用同倍比方法或同频率方法放大得到的设计洪水过程，由降雨径流预报而得到的入库洪水过程等，都是确定型描述。

（2）概率型描述。即以径流相互独立的频率分布曲线或条件频率曲线的形式来描述，前者是讲径流的实测系列看作是一维独立的随机变量序列，用频率分布曲线来表示分布规律。后者考虑年径流之间或月径流之间的相互关系，用一组条件概率曲线来表示其分布规律和相互关系。

（3）随机序列模型。即利用概率理论与方法来揭示和描述径流的随机变化规律，这是基于随机过程理论基础的一种径流描述方法。一般考虑各时段径流间的自相关和各站间的互相关，常用的有自回归模型、滑动平均模型等。

三、数学模型

数学模型是指为了某种目的，用字母、数字及其他数学符号建立起来的等式或不等式以及图表、图像、框图等描述客观事物的特征及其内在联系的数学结构表达式[27]。为进行水利水电工程优化调度而建立的数学模型，通常是由最优化的目标函数和约束条件两部分组成。

1. 最优准则与目标函数

最优准则是指衡量水库运行方式是否达到最优的标准。对于单目标或以某一目标为主的水库，最优准则较为简单：如以发电为主的水库，可以是在满足其他部门用水要求的前提下，电力系统计算支出最小或电力系统耗水量最小或系统发电量最多等。对于以防洪为主的水库，可以是在满足其他综合利用要求下，削减洪峰后的下泄成灾流量最小或超过安全泄量的加权历时最短等。对于多目标水库或复杂的水利系统，则应以综合性指标最优为好，以国民经济效益最大或国民经济费用最小等。

水利水电工程优化调度目标函数的具体形式依据所拟定的最优化准则而定。例如，对于以防洪为单一目标的水库，为了减免下游防洪地区的洪水灾害，最优准则可归纳为三种形式：最大削峰准则、最短洪水淹没历时准则、最小洪灾损失或最小防洪费用准则。以最大削峰为例，在入库洪水、区间洪水、防洪库容、下游允许泄量和溢洪道泄洪能力等均为已知的情况下，按最大削峰准则操作，就是要在蓄满防洪库容的条件下尽量使下泄流量均匀[28]。数学上可以证明，下泄流量尽量均匀等价于下泄流量的平方和最小。则水库优化调度的目标函数可写作

无区间洪水时
$$z = \min \int_{t_0}^{t_D} q^2(t)\,dt \tag{3-1}$$

有区间洪水时
$$z = \min \int_{t_0}^{t_D} \left[q(t) + q_{\boxtimes}(t) \right]^2 dt \tag{3-2}$$

式中：t_0、t_D 分别为超过下游安全泄量的洪水起止时间；$q(t)$ 为待求的泄流过程；$q_{\boxtimes}(t)$ 为区间洪水。

若水电系统以水电站发电群发电量最大为最优准则，则水库群优化调度的目标函数可以写成

$$z = \max \sum_i \sum_t E_t^i \tag{3-3}$$

式中：E_t^i 为第 t 时段第 i 个水电站的发电量。

2. 约束条件

水库优化调度中的约束条件，一般包括水库运行中的蓄水位的限制、水库泄水能力的限制、水电站装机容量的限制、水库及下游防洪要求的限制和水量与电量平衡的限制以及调度时必须考虑的边界条件等，通常以数学函数方程表示，包括等式约束及不等式约束，组合成约束条件组。

水库优化调度的一般步骤是根据水库的入流过程，建立优化调度的数学模型，通过最

优化方法，进行数学模型的求解，以寻求最优的控制运用方案。水库照此最优方案蓄泄运行，可使防洪、灌溉、发电等部门所构成的总体在整个计算周期内总的效益最大而不利影响最小。

四、最优化方法

常用的优化模型的求解技术包括古典微分法、拉格朗日乘数法、变分法、数学规划法等。由于水库优化调度问题的求解实质上是一个多阶段决策过程，即它是这样一个过程，如将它划分为若干互相有联系的阶段，则在它的每一个阶段都需要作出决策，并且某一阶段的决策确定以后，常常不仅影响下一阶段的决策，而且影响整个过程的综合效果。各个阶段所确定的决策构成一个决策序列，通常称它为一个策略。由于各阶段可供选择的决策往往不止一个，因而就组合成了许多策略。因为不同的策略，其效果也不同，多阶段决策构成的优化问题，就是要在所提供选择的那些策略中，选出效果最佳的最优策略。

随着科学技术的发展，用于解决水库优化调度的数学方法越来越多，如线性规划法、非线性规划法、逐次逼近算法（POA）、网络分析法、动态规划法、神经网络模型法、大系统分解协调法、遗传算法（GA）、免疫粒子群算法（PSO）等，其中应用较多的是线性规划法和动态规划法[29]。线性规划法是在满足一组等式或不等式约束条件的情况下，解决一个对象的线性目标函数问题的最优化方法。动态规划法能适应径流、时间等因素的影响，是解决多阶段决策过程的方法，概念和理论比较简单，方法灵活，常为人们所使用。本章重点介绍动态规划法。

应该指出，国内外对于水库调度的研究和实践已经取得了很大的成绩，研究范围从单一水电站到梯级和跨流域水电站群，径流描述从确定型到随机型，各种优化理论和优化调度模型也在不断发展中，形成了一些较为成熟的方法，在生产中也得到了一定的应用[30]。但是由于水电站水库调度系统涉及自然界、社会等方面，具有不确定性、复杂性、多样性和综合性，调度过程中往往趋于保守，不能充分利用水资源，因此，要提高水库调度可靠性、经济性，就要降低水库调度中的不确定性。

第二节　单一水库发电优化调度

发电是水电站的基本功能，也是创造经济收益的基本手段。水库的发电优化调度，就是通过控制水库的蓄泄利用方式，使其在满足防洪安全、生产生活用水等前提下，充分利用水能资源，开发水能潜力，取得尽可能大的经济效益。随着水利水电建设事业的发展，单一水库运行情况愈趋减少。但为了说明水库调度的基本方法，需要从最简单的单一水库入手，进而引申到水库群的联合调度。

水库群系统参与电网统一供电与管理已逐渐成为水利水电工程管理的常见形式，因此水利水电工程调度研究的重点是水库群的联合调度，但研究单一水库的优化调度问题仍有其特定的意义，主要表现以下两方面。

（1）在河流开发初期，单个或少量水电站建设完成，地区性水库群及完善的电网尚未形成，水电站孤立运行，形成单库调度问题。

（2）从系统组成来看，单一水库是组成库群的基本单元，单库调度在很大程度上是库群调度的基础。

因此，先研究单一水库电站的优化调度不仅有其实际价值，而且可从中学习水库电站优化调度的理论、方法和解决问题的途径，并将其应用到水库群的优化调度中。

一、年调节水库发电优化调度模型

现以年调节水利水电工程为例研究其水库的优化调度。设自蓄水期初到供水期末，一个完整的调节期为一年，可将其划分为 T 个时段，用 i 表示阶段变量（$i=1,2,\cdots,T$，其中 T 一般按月分，取12），则各时段的预报径流为 Q_i，水库各时段的下泄流量为 q_i。

1. 目标函数

从经济效益而言，水利水电工程水库长期运行最常用的最优准则是调节期内发电量最多，即

$$\max\sum_{i=1}^{T} E_i \qquad (3-4)$$

式中：E_i 为第 i 个时段的发电量。

若 N_i 为第 i 个时段的出力，则 $E_i=N_it_i$，各时段长 t_i 相等，则调节期内发电量最大，等价于调节期内出力最大，即

$$\max\sum_{i=1}^{T} N_i \Leftrightarrow \max\sum_{i=1}^{T} Kq_i\overline{H_i} \qquad (3-5)$$

式中：K 为出力系数，大中型水电站 $K=8.0\sim8.5$，中小型水电站 $K=6.5\sim8.0$；q_i 为第 i 个时段的发电引用流量；$\overline{H_i}$ 为第 i 个时段的发电平均水头。

2. 约束条件

水库发电的约束条件一般有以下几个方面。

（1）水库蓄水位限制：

$$V_{\min}\leqslant V_i\leqslant V_{\max}(i=1,2,\cdots,T) \qquad (3-6)$$

式中：V_{min}、V_{max} 分别为第 i 个时段水库允许的最小和最大库容。

例如，V_{min} 为死水位相应的库容，V_{max} 在非汛期是正常蓄水位库容，在汛期则是防洪限制水位相应的库容。

（2）水电站机组容量的限制：

$$N_{\min}\leqslant N_i\leqslant N_{\max}(i=1,2,\cdots,T) \qquad (3-7)$$

式中：$N_{\min}$、$N_{\max}$ 分别为第 i 个时段水电站的最小和最大出力。可分别取保证出力和装机容量为最小和最大的出力限制。

（3）下泄流量约束：

$$q_{\min}\leqslant q_i\leqslant q_{\max}(i=1,2,\cdots,T) \qquad (3-8)$$

式中：$q_{\min}$、$q_{\max}$ 分别为第 i 个时段水电站的最小和最大下泄流量。对于有通航要求的河段，可分别取下游航运用水要求和水轮机最大过水能力为最小和最大下泄流量。对于有生态要求的河道，可以取最小河道生态基流量作为最小下泄流量。

（4）水量平衡方程：

$$V_i=V_{i-1}+(Q_i-q_i)t_i(i=1,2,\cdots,T) \qquad (3-9)$$

式中：V_{i-1}、V_i 分别为第 $i-1$ 个时段和第 i 个时段末的库容，也即第 i 个时段的初、末库

容；Q_i、q_i 分别为第 i 个时段的入库、出库流量。

（5）非负条件约束：

$$q_i \geqslant 0 (i = 1, 2, \cdots, T) \tag{3-10}$$

3. 数学模型

由以上的目标函数和约束条件即组成单一水库优化调度的数学模型，即

$$
\begin{aligned}
&\text{obj.} \quad && \max \sum_{i=1}^{T} K q_i \overline{H_i} \\
&\text{s. t.} \quad && V_{\min} \leqslant V_i \leqslant V_{\max} \\
& && N_{\min} \leqslant N_i \leqslant N_{\max} \\
& && q_{\min} \leqslant q_i \leqslant q_{\max} \\
& && V_i = V_{i-1} + (Q_i - q_i) t_i \\
& && q_i \geqslant 0
\end{aligned}
\left. \right\} (i = 1, 2, \cdots, T) \tag{3-11}
$$

这是一个非线性规划模型，下面将用动态规划方法求解。

二、动态规划模型

动态规划方法按时间或空间将过程分解成若干阶段，是解决多阶段决策过程的一种优化技术。多阶段决策过程[31]是指根据时间与空间特性，将问题的整个过程划分为若干阶段，在每一阶段都有相应决策的过程。在每一阶段，问题由初始状态，经过某种决策过程，变为终点状态；在这个终点状态，又是下一阶段的初始状态。如此重复，经历所有阶段，而能使整个过程取得最优效益的多阶段决策过程，叫做多阶段最优决策过程。

（一）最优化原理

最优化原理[32]是美国数学家贝尔曼于 20 世纪 50 年代提出的一种解决多阶段决策问题的数学方法。它认为，一个过程的最优决策具有这样的特征："任何初始阶段的状态和决策都应和其后阶段的状态和决策共同构成最优决策。"也可以概括为：在一个多阶段的决策过程中，若该系统的现阶段状态为已知，则其后各阶段的最优决策与先前个阶段的最优决策无关，且计算阶段决策序列为最优时，则包含在其中的预留时段是最优。

用数学化的语言来描述，就是：假设为了解决某一优化问题，需要依次作出 K 个决策 $d_1, d_2, \cdots, d_K$，若这个决策序列是最优的，则对于任何一个整数 k（$1 < k < K$），不论前面 k 个决策是怎样的，它的子策略 $d_{k+1}, d_{k+2}, \cdots, d_K$，对于被前面决策所确定的当前状态点 s_{k+1} 而言，也必是最优的。

把优化原理结合到具体问题中，表述为一个使过程状态连续转移的递推方程，即为动态规划的基本方程。动态规划方程的理论基础是"动态规划最优性定理"：设阶段数为 K 的多阶段决策过程，可行策略 $p_k = (d_1, d_2, \cdots, d_k)$ 是最优策略的充要条件，对任一阶段 $k (1 < k < K)$ 和状态 s_k，有

$$f_k(s_k) = \text{opt}\{r_k(s_k, d_k) + f_{k+1}(s_{k+1})\} \tag{3-12}$$

式中：$f_k(s_k)$ 为第 k 阶段，初状态为 s_k 时的子过程的最优指标函数值；$r_k(s_k, d_k)$ 为 k 阶段，初状态为 s_k，决策变量为 d_k 时的阶段指标值；$f_{k+1}(s_{k+1})$ 为第 $k+1$ 阶段，初状态为 s_{k+1} 时的子过程的最优指标函数值；s_{k+1} 为 k 阶段末（也即 $k+1$ 阶段初）的状态变量，相邻阶段之间有状态转移方程 $s_{k+1} = T_k(s_k, d_k)$。

式（3-12）是动态规划的逆推方程，对顺推方程可做相应的改动。

动态规划法实质上是将一个 n 阶段决策过程的实际问题，转化为 n 个形式与性质相同而又互相联系的单阶段决策的子问题。每个子问题又是求变量极值，于是重复地解 n 个比较简单的求极值问题，逐步保留子问题的最优策略，进而求得全周期的最优策略。

多阶段最优决策过程就是要对整个过程进行选择，得出一个最优决策系列，使系统整体取得最优效益的过程，且具有如下性质。

（1）在多阶决策决策过程中，任一阶段的演变特征都是用状态变量的变化来描述的，状态变化或转移的效果取决于该阶段决策变量的变化，前一阶段末的状态就是下一阶段初的状态。

（2）无后效性。过程过去的历史只能通过当前面临的状态去影响过程未来的发展，而与未来的过程无直接关系。换句话说，只有过程的现状与将来有关，而过程的过去与过程的将来无关；或者说，过去的状态与将来的决策无关。

（3）分段最优决策服从于全过程最优决策。故在利用动态规划法求解优化问题的时候，必须注意三个变量和一个方程的选取：状态变量、决策变量、阶段变量和状态转移方程。

（二）递推方程式

用动态规划方法[33]解决水库调度问题时，可以把水库运行看作是一个多阶段决策的过程，首先把调节期按月（或旬）为时段离散为 T 个时段，以 i 代表阶段变量，则相应的时刻 $i-1 \sim i$ 为面临时段，时刻 $i \sim T$ 为余留时期；又因为每一个时段末的水库库容都是下一时段初的库容，即各时段初的库容仅与上一时段末的库容有关，而与其他时段的库容无关，满足无后效性原则，则对水库优化调度而言，可以选用每个阶段的水库库容 V 为状态变量，而当时段 i 的初始状态 V_{i-1} 给定后，如果再给定某一引用流量 q_i 或出力 N_t，则时段初的状态将演变为时段末状态 V_t，故可以选择引用流量 q_i 或出力 N_t 等作为决策变量；然后，水量平衡方程 $V_i = V_{i-1} + (Q_i - q_i)t_i$ 反映了相邻两时段库容的转换关系，且各时段系统的出力也只与该时段的来水量、用水量、及时段初和时段末库容有关，与其他时段的水量无关，整个调节期的效益之和是各个时段效益之和，所以对于确定性的决策过程，下一阶段的状态完全由面临时段的状态和决策所决定。

应用动态规划法求解水电站水库最优调度问题时，主要是逐阶段使用递推方程择优。递推方程的具体形式与递推顺序和阶段变量的编号有关，若逆序递推且阶段变量的序号与阶段初编号一致时，如图 3-1 所示，则水电站水库优化调度问题的递推方程式为

$$\left.\begin{aligned} f_i(V_{i-1} &= \max_{\Omega}\{N_i(v_{i-1}, q_i) + f_{i+1}(V_i)\}(i = 1, 2, \cdots, T) \\ f_{T+1}(V_T) &= 0 \end{aligned}\right\} \qquad (3-13)$$

式中：$N_i(V_{i-1}, q_i)$ 为面临第 i 个时段在时段初状态为 V_{i-1} 和该时段决策变量为 q_i 时所得的出力；$f_{i+1}(V_i)$ 为余留期最优出力之和；$f_i(V_{i-1})$ 为从第 i 个时段初库容 V_{i-1} 出发，到第 T 个时段的最优出力之和；Ω 为决策变量 q_i 在 V_{i-1} 已给定时的满足约束条件的允许决策集合。

若顺序递推（递推方向与状态转移方向一致）且阶段变量序号与阶段末编号一致时，有

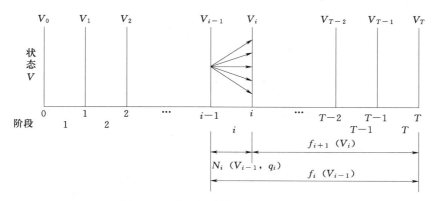

图 3-1　多阶段决策逆序递推过程图

$$f_i(V_i) = \max_{\Omega} \{ N_i(V_i, q_i) + f_{i-1}(V_{i-1}) \} \quad (i = 1, 2, \cdots, T) \atop f_0(V_{-1}) = 0 \tag{3-14}$$

（三）动态规划方法求解水库优化调度模型的步骤

利用动态规划的理论和方法求解水库优化调度问题[34]，将长历时的水库调度问题分解到不同的阶段，以水库蓄水位或蓄水量为状态变量，作出适应当前阶段目标的决策，综合前后各阶段水库效益，分析得出最优决策过程。

（1）划分阶段，确定阶段变量。把调节期划分为 T 个时段，以 $i(i=1, 2, \cdots, T)$ 表示，其中 $i-1 \sim i$ 时段为当前面临的时段。

（2）确定状态变量。以水库蓄水位为状态变量，分别以 Z_{i-1}，Z_i 表示第 i 时段的初、末蓄水位，本阶段末的水库蓄水位即是下阶段初水库蓄水位。

（3）确定决策变量。决策变量就是模型的目标变量，当以调节期内发电量最大为目标函数时，决策变量就是水电站发电出力。

（4）建立优化调度模型。包括目标函数，约束条件等。

（5）建立递推方程。选用逆序法或顺序法建立递推方程，以方便求解。

（6）解模型。得到该运行目标下的调度方式。

第三节　库群发电优化调度

单一水库电站共同为同一电网担负供电任务从而构成库群电站。组成库群的各库，其水文径流情况和调节性能不同，因此当联合工作时有可能进行各库间的补偿调节，这种相互补偿可以显著提高库群总的保证出力。库群建成后在正常运行中运行优化调度技术，不但可以提高全库群的水量利用效益，而且还可提高水头利用效益和供电质量。

一、数学模型的建立

研究库群优化调度，建立数学模型也必须先确定最优准则，库群发电的最优准则一般有 3 种方式：①库群调节期内总电能最多；②满足负荷要求的情况下库群总耗水最少；③库群总不蓄电能损失最小[35]。下面以调节期内总电能最大作为优化准则为例，建立数学模型。

1. 目标函数

以串联调节水库为例，假设电网中有两座梯级电站，如图 3-2 所示。将调节期划分为 T 个相等时段，记作 Δt_1，Δt_2，$\cdots$，Δt_T。两水库的上游区间来水按时段分别记作 $\{Q_1^1$，$Q_2^1,\cdots,Q_T^1\}$，$\{Q_1^2,Q_2^2,\cdots,Q_T^2\}$，其中上标为水库序号，下标为当前时段序号，调节期初、末的水库库容分别为 V_0^1,V_T^1,V_0^2,V_T^2，则水库在调节期内的发电量分别为 $\sum N_i^1 \Delta t_i$，$\sum N_i^2 \Delta t_i$，要求总电能最大，则目标函数为

$$\text{obj.}\quad \max\sum_{i=1}^{T}(N_i^1+N_i^2)\Delta t_i \text{ 或 } \max\sum_{i=1}^{T}(N_i^1+N_i^2) \qquad (3-15)$$

2. 约束条件

（1）库容条件：

$$V_{i,\min}^j \leqslant V_i^j \leqslant V_{i,\max}^j (j=1,2;i=1,2,\cdots,T) \qquad (3-16)$$

（2）出力约束：

$$N_{i,\min}^j \leqslant N_i^j \leqslant N_{i,\max}^j (j=1,2;i=1,2,\cdots,T) \qquad (3-17)$$

（3）流量约束：

$$q_{i,\min}^j \leqslant q_i^j \leqslant q_{i,\max}^j \qquad (3-18)$$

（4）水量平衡条件：

水库 1：

$$V_i^1 = V_{i-1}^1 + (Q_i^1 - q_i^1)\Delta t_i \quad (i=1,2,\cdots,T) \qquad (3-19)$$

水库 2：

$$V_i^2 = V_{i-1}^2 + (Q_i^2 + q_i^1 - q_i^2)\Delta t_i \quad (i=1,2,\cdots,T) \qquad (3-20)$$

（5）非负条件约束：

$$q_i^j \geqslant 0 \quad (j=1,2;i=1,2,\cdots,T) \qquad (3-21)$$

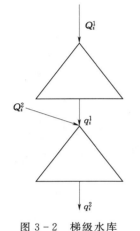

图 3-2　梯级水库

以上式中：$V_{i,\min}^j$、$V_{i,\max}^j$ 分别为 j 水库在 i 时段内允许的最小和最大库容；$N_{i,\min}^j$、$N_{i,\max}^j$ 分别为 j 水库在 i 时段内允许的最小和最大出力；$q_{i,\min}^j$、$q_{i,\max}^j$ 分别为 j 水库在 i 时段内允许的最小和最大泄流流量。

将以上各式综合在一起，即可得到串联水库的数学模型。对于并联水库，只需要对水量平衡条件方程适当修改即可得出。

二、动态规划法

用动态规划方法解决水库群优化调度问题，与求解单一水库优化调度过程类似，但更为复杂。用动态规划法求解，首先要把调节期离散为 T 个时段，变成多阶段决策问题；每个水库都有一个水量状态，面对同样的优化目标，它们即相互独立又相互影响；库群调度中单一水库下泄流量会对其他水库造成影响，如梯级水库群上游水库下泄流量是下游水库入库流量的一部分，并联水库群要注意满足下游防洪要求的安全流量。

现对前面给出的两水库梯级调度问题，运用动态规划法求解。将调度期划分为 T 个阶段，第 $i(i=1,2,\cdots,T)$ 阶段为当前面临时段；由于库群是一个整体，系统状态变量要反映各水库的状态，所以水库库容情况可用向量 $\vec{V_i}=(V_i^1,V_i^2)'$ 综合表示，来水入库流量用向量 $\vec{Q_i}=(Q_i^1,Q_i^2)'$ 表示，下泄流量表示为 $\vec{q_i}=(q_i^1,q_i^2)'$，其中上标为水库序号。建立库群水量平衡方程，可表示为

$$\frac{\vec{V}_i}{\Delta t_i} = \frac{\vec{V}_{i-1}}{\Delta t_i} + \vec{Q}_i - S\vec{q}_i \qquad (3-22)$$

其中
$$S = \begin{bmatrix} 1 & 0 \\ -1 & 1 \end{bmatrix}$$

式（3-22）就是由某时段过渡到下一时段的状态转移方程。

库群发电优化调度的数学模型已在上面给出，建立逆时序递推方程为

$$\left.\begin{aligned} f_i(V_{i-1}) = \max_{\Omega}\{N_i(V_{i-1},q_i) + f_{i+1}(V_i)\}(i=1,2,\cdots,T) \\ f_{T+1}(V_T) = 0 \end{aligned}\right\} \qquad (3-23)$$

式中：各符号意义同前。

通过计算可得到库群发电优化调度的最优调度过程。

动态规划方法把复杂问题化成了一系列结构相似的最优子问题，而每个子问题的变量个数比原问题少得多，约束集合也相对简单。它对于连续的或离散的、线性或非线性的、确定性的或随机性的问题，只要是能构成多阶段决策过程，便可用来求解[36]。长期以来，动态规划法是处理两级梯级水电站经济运行的一种常用的方法，但随着水库数量的增加，状态变量的增多，占用大量的计算机内存，计算速度缓慢，高维水库群优化调度常会引起"维数灾"，使其应用受到很大的限制，为此，人们通过对计算方法进行改进及创新，发展了各种降维的方法，下面介绍几种常用的方法。

（一）增量动态规划法（IDP）

增量动态规划法由于状态变量数与决策数较少，从而可以有效减少计算工作量，解决计算时间和所需计算机内存维数灾问题。增量动态规划法是基于常规动态规划法的改进，其计算步骤如下。

（1）选择初始调度线。根据经验或其他方法给定一条符合约束条件和初始、终了条件的可行调度线，以此作为动态规划的计算基础。

（2）选择增量形式廊道。假设初始步长为 ΔZ_1，在初始调度线附近除初始和终了时段以外的部分上下各取一个增量 ΔZ，如图 3-3 所示（$\Delta Z = K\Delta Z_1$，K 为变化幅度）。因此，在可行域内形成一条以初始调度线为中心的"廊道"，并使初始和终了时刻的增量为零。

（3）在廊道区域范围内用常规动态规划方法寻优。在上述带状局部区域范围内用动态规划递推方法寻优，可计算求得一条新的最优调度线，或更为接近最优的新调度线。

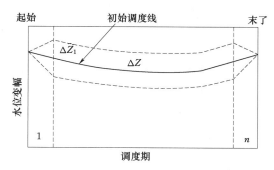

图 3-3 增量动态规划法示意图

（4）反复迭代直至收敛。如果所求的最优调度线与最初调度线不完全重合，则以所求调度线作为初始调度线，按第（2）步、第（3）步继续迭代寻优；如果所求的最优调度线与初始调度线完全重合，则说明对于所选步长已不能增优。

（5）缩小步长，以 ΔZ_2 代替 ΔZ_1（$\Delta Z_2 < \Delta Z_1$），按同样步骤，寻求最优调度线，直至

满足计算精度，其计算结果即为最优调度线。

（二）逐次逼近法（POA）

逐次逼近法的基本思想是通过假定其余水库的调度线，单独计算出某一水库的优化调度方式，然后以新的优化调度线为基础，计算另外某一水库的优化调度方式，逐一计算，并重复计算过程，最终得出系统的最优调度线。对于以上给出的梯级两水库群调度问题，采用逐次逼近法的计算思路如下。

（1）根据一般经验和分析判断，给 2 库定出一条满足约束条件的初始调度线。

（2）固定 2 库的初始调度线，按单库动态规划法先对 1 库进行优化调度，注意第 i 个时段效益计算时要顾及 1 库的下泄流量与 2 库的区间入流产生的效益，得出 1 库第一次优化后的调度线。

（3）现将 1 库第一次优化后的调度线固定，按单库动态规划法对 2 库进行优化。同样，在计算第 i 个时段效益时要计及第 1 库的效益值，从而得出 2 库第一次优化后的调度线。

（4）再将 2 库第一次优化后的调度线固定，重复步骤（2）、（3），直到达到精度要求为止，从而得出两库的最终优化调度线。

第四节　水库防洪系统优化调度

对于水利水电工程防洪系统的调度，第三章已介绍过其常规方法，它具有简单直观的优点，计算结果一般能满足调度原则；但它不能灵活而有效地适应各种限制条件及水情与工程具体情况的变化，为了弥补这个缺点，本节介绍防洪系统的优化调度。与发电优化调度相似，防洪优化调度也需要建立适当的数学模型，通过动态规划等数学方法求解，以达到防洪效益最大的目的。

一、单一水库的防洪优化调度

1. 数学模型与目标函数

根据优化准则建立相应的数学模型，确定目标函数。

制定防洪系统的调度方案时，必须先确定优化准则，进而建立目标函数的表达式。根据不同的防洪准则，优化调度一般有以下目标函数。

（1）最大削峰准则，即以水库的下泄洪峰流量最小为判别标准的准则，其目标函数可表示为

$$\text{obj. } \min\{q_m\} = \min \sum_{i=1}^{T} [q_i + Q_i^q]^2 \Delta t_i \qquad (3-24)$$

式中：q_m 为最大下泄流量；q_i 为第 i 时段的下泄流量；Q_i^q 为区间洪水流量；T 为成灾时期的时段数；i 为时段序号；Δt_i 为时段内的时长。

（2）最短成灾历时准则，即洪水调度时成灾历时最短，控制灾难带来的损失。其目标函数可表示为

$$\text{obj. } \min\{T_m\} = \min \sum_{i=1}^{T} [q_i + Q_i^q - q_{安}]^2 \Delta t_i \qquad (3-25)$$

式中：$q_安$ 为下游控制点安全下泄流量；T 为成灾历时内（即 $q_i + Q_i > q_安$ 时间内）划分的时段数，其余符号意义同前。

2. 约束条件

防洪系统的各个组成部分相互联系，协调工作，水库泄洪与河道行洪既有其物理的连续关系，又有区间水文条件的制约关系，他们之间的各种关联构成了防洪系统运行的种种约束。

（1）防洪库容约束：

$$\sum_{i=1}^{T}(Q_i - q_i)\Delta t \leqslant V_防 \qquad (3-26)$$

（2）水库泄洪能力约束：

$$q_i \leqslant q(Z_i, B_i) \qquad (3-27)$$

（3）下游防洪安全约束：

$$q_i + Q_i \leqslant \min(q_安, q_汛限) \qquad (3-28)$$

（4）水量平衡约束：

$$V_i = V_{i-1} + (Q_i^q - q_i)\Delta t_i \qquad (3-29)$$

（5）非负条件约束：

$$q_i \geqslant 0 \qquad (3-30)$$

以上式中：Q_i 为第 i 个时段的区间来水量；q_i 为第 i 个时段的下泄流量；$V_防$ 为水库的防洪库容；Z_i 为第 i 时段初始时刻的蓄水位，B_i 为第 i 个时段溢洪道宽度；$q(Z_i, B_i)$ 为第 i 个时段的最大下泄能力；$q_安$ 为下游安全泄量；$q_汛限$ 为汛期限制流量；V_i 为第 i 个时段水库库容。

二、库群系统防洪优化调度

随着水利水电事业的迅速发展，在某防洪区域修建单一水库进行独立调控已经不能满足水资源综合利用的要求；梯级、并联和混联等库群合作形式的日趋成熟，使得水资源配置得到优化，也提高了系统对不同防洪要求的适应性和区域防洪的安全性。根据不同的防洪准则，库群系统防洪优化调度的目标函数也有不同。

（1）最大削峰准则。对于 N 个串联水库组成的库群系统：

$$\min\{q_m\} = \min\sum_{i=1}^{T}\left(\sum_{j=1}^{N}q_{i,j}^2\right)\Delta t_i \qquad (3-31)$$

对于 N 个并联水库组成的库群系统：

$$\min\{q_m\} = \min\sum_{i=1}^{T}\left(\sum_{j=1}^{N}q_{i,j}^2 + \left(\sum_{j=1}^{N}q_{i,j}\right)^2\right)\Delta t_i \qquad (3-32)$$

以上式中：$q_{i,j}$ 为水库 j 在第 i 个时段的下泄流量；q_m 为最大下泄流量；Δt_i 为时段时长。

（2）最大安全保证准则。当水库群由 N 个单独的水库构成时，有

$$\max\left\{\sum_{j=1}^{N}\alpha_j V_{i+1,j}\right\} = \max\left\{\sum_{j=1}^{N}\alpha_j[V_{i,j} + (Q_{i,j} - q_{i,j})\Delta t_i]\right\} \qquad (3-33)$$

式中：V_{ij} 为水库 j 在第 i 时段初的库容；α_j 为水库 j 的防洪权重系数；$Q_{i,j}$、$q_{i,j}$ 分别为水库 j 在第 i 个时段的入库流量和下泄流量；Δt_i 为时段时长。

库群防洪系统各水库的约束条件与单一水库基本一样，只是对下游水库而言，其水量平衡约束应是 $V_{i,j} = V_{i-1,j} + (Q_{i,j} + q_{i,j-1} - q_{i,j})\Delta t_i$，其余约束条件可以套用。

在确定数学模型与约束条件的情况下，建立相应的递推方程式，通过计算可得到水库防洪系统优化调度过程（详见图 3 - 1）。

第五节 水资源合理配置

进行水资源合理配置时，使用较多的是线性规划和动态规划模型。当需要对空间内的用水进行分配时，采用线性规划模型就可以进行求解；当涉及多时段分配问题时多采用动态规划模型。

一、供水调度

【例 3 - 1】 设有甲、乙两个水库同时给 3 个灌溉区提供灌溉用水。甲库的日可供水量为 16 万 m^3，乙水库的日可供水量为 24 万 m^3，3 个灌区日需水量分别为 $W_1 \geqslant$ 10 万 m^3，$W_2 \geqslant 12$ 万 m^3，$W_3 \geqslant 7$ 万 m^3。由于水库与各灌区的距离不等，渠道防渗能力不同，因此渠道损失也不同，渠系水利用系数分别为 c_{11}，c_{12}，c_{13}，c_{21}，c_{22}，c_{23}。试求出在满足 3 个灌区用水情况下，日总供水量最少的方案。水库供水示意图见图 3 - 4。

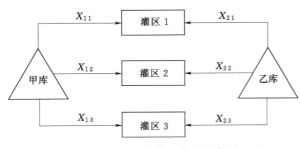

图 3 - 4 二水库供三灌区示意图

解： 设甲库向 3 个灌区的配水量分别为 x_{11}，x_{12}，x_{13}，乙库向 3 个灌区的配水量分别为 x_{21}，x_{22}，x_{23}，根据题意，建立数学模型。

$$
\begin{aligned}
\text{obj.} \quad & \min(x_{11} + x_{12} + x_{13} + x_{21} + x_{22} + x_{23}) \\
\text{s. t.} \quad & c_{11}x_{11} + c_{21}x_{21} \geqslant 10 \\
& c_{12}x_{12} + c_{22}x_{22} \geqslant 12 \\
& c_{13}x_{13} + c_{23}x_{23} \geqslant 7 \\
& x_{11} + x_{12} + x_{13} \leqslant 16 \\
& x_{21} + x_{22} + x_{23} \leqslant 24 \\
& x_{11}, x_{12}, x_{13}, x_{21}, x_{22}, x_{23} \geqslant 0
\end{aligned}
\tag{3-34}
$$

这是一个线性规划模型。由于渠系水利用系数 c_{11}，c_{12}，c_{13}，c_{21}，c_{22}，c_{23} 均为已知，根据上述约束条件不难用单纯形法求出满足用水要求的最优供水方案。

二、综合用水调度

水利水电工程的综合利用调度是指在水资源的开发利用中，要同时满足发电、灌溉、供水、防洪等多种要求，在优化调度中就表现为一个多目标决策问题。

【例 3 - 2】 设有一个混联水库群如图 3 - 5 所示，其中有 3 个发电水库和一个灌区，若已知年内各月来水 Q_i（i 为月数，$i = 1, 2, \cdots, 12$）、3 个电站的发电系数 k_j

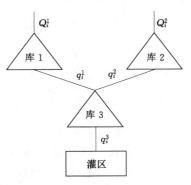

图 3 - 5 混联水库群

（$j=1$，2，3为第 j 个电站的发电系数）及灌溉效益系数 r_i（r_i 为灌区 i 月供1m³水的效益），试确定各水库最优调度方式，使整个系统发电效益与灌溉效益之和最大。

解： 设水库 j 在第 i 个时段的下泄流量为 q_i^j，则建立数学模型为

obj.
$$E = \max\left(\sum_{i=1}^{12}\sum_{j=1}^{3} K_j q_i^j H_i^j + \sum_{i=1}^{12} r_i q_i^3\right)$$

s. t. 库容约束：$\quad V_{\min}^j \leqslant V_i^j \leqslant V_{\max}^j \; (j=1,2,3; i=1,2,\cdots,12)$

出力约束：$\quad N_{\min}^j \leqslant N_i^j \leqslant N_{\max}^j$

下泄量约束：$\quad q_{\min}^j \leqslant q_i^j \leqslant q_{\max}^j$

水库1，2水量平衡：$V_i^j = V_{i-1}^j + (Q_i^j - q_i^j)\Delta t_i \; (j=1,2)$

水库3水量平衡：$\quad V_i^3 = V_{i-1}^3 + (q_i^1 + q_i^2 - q_i^3)\Delta t_i$

$$q_i^j > 0$$

$$(3-35)$$

式中：E 为发电与灌溉效益之和的最大值；V_i^j 为 j 水库 i 时段（月）库容；N_i^j 为 j 电站 i 时段出力；H_i^j 为 j 电站 i 时期平均水头；q_i^j 为 j 水库 i 时段下泄流量；角标min为下限值；角标max为上限值；Δt_i 为 i 时段的秒数。

其递推方程：$E_i^* = \max\{E_i + E_{i+1}^*\}$，其中 E_i 为面临第 i 个时段时库群总发电量，E_{i+1}^* 为余留期的最优发电量。这是一个动态规划模型，建立了数学模型和递推方程，就可以用动态规划方法求解。

三、动态规划在水库调度中的应用

【例3-3】 某水库设有泄流底孔和河岸式溢洪道。防洪限制水位110m，设计洪水位115.9m，防洪高水位114.25m，水库库容曲线与泄流曲线见表3-1。水库下游防洪标准 $P=1\%$，安全泄量2000m³/s。当起调水位为防洪限制水位，遇 $P=1\%$ 洪水时，求以最大削峰为准则的最优防洪调度过程。$P=1\%$ 的洪水过程见表3-2。

表3-1　　　　　　　　　　　库容曲线与泄流曲线

水位/m		110	110.80	110.90	111	111.50	111.80	112
库容/[(m³/s)·h]		60500	68900	69950	71000	76500	79800	82000
泄量/(m³/s)	底孔	490	503	505	506	518	525	530
	溢洪道	2020	2476	2533	2590	2875	3046	3160
	合计	2510	2979	3038	3096	3393	3571	3690
水位/m		112.60	112.70	113	113.70	113.80	114	114.25
库容/[(m³/s)·h]		88600	89700	93000	102100	103400	106000	109370
泄量/(m³/s)	底孔	540	541	546	556	557	560	564
	溢洪道	3532	3594	3780	4249	4316	4450	4613
	合计	4072	4135	4326	4805	4873	5010	5177

表 3 - 2			$P=1\%$ 洪水过程		
时间（$\Delta t=3$h）	0	1	2	3	4
入库流量 $Q/(\mathrm{m^3/s})$	1406	9400	6850	6300	2076

解：将超过下游安全泄量的洪水过程按 $\Delta t=3$h 划分为 $n=4$ 个时段，将库水位 $110\sim$
114.25m 防洪库容按 10（$\mathrm{m^3/s}$）·h 分格。于是由计算时期与防洪库容组成的策略平面，
就被分成若干个网格点，如图 3-6 所示。

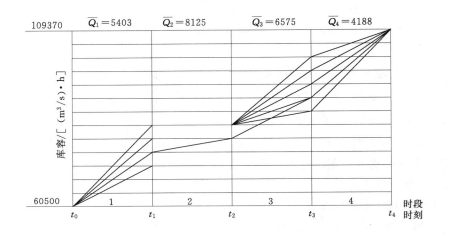

图 3-6　动态规划求防洪最优调度线示意图

然后，逐时段运用动态规划的逆推方法求解。最大削峰准则的目标函数为下泄流量的
平方和最小，可表示为

$$\text{obj. } \min \sum q_i^2 \tag{3-36}$$

式中：q_i 为第 i 时段的下泄流量；Q_i 为对应 i 时段的入库流量；V_i 为第 i 时段的水
库库容。

约束条件为式（3-26）～式（3-30），不计水库下游至防洪目标的区间来水。

建立逆时序的递推方程：

$$f_i(V_{i-1}) = \min\{q_i^2 + f_{i+1}(V_i)\} \tag{3-37}$$

对于某一时段而言，时段始末的库容为格点上的取值。运用状态转移方程 $V_i = V_{i-1} +$
$(Q_i - q_i)\Delta t$，可求得各对应时段末库容的泄量，其中 Q_i 为时段平均入库流量。保留
满足诸约束条件的 q 值，并平方，再与余留期最小泄量平方值相加，求得相应于某一
时段初库水位的下泄流量平方和最小值，即最优子策略。一直到 $n=1$ 的第一时段，
即可得到最优防洪调度线。计算期末和计算期初的库容是已始的定值。具体计算见表
3-3～表 3-6。

表 3 - 3　　　　　动态规划阶段计算 （$n=4$，平均入库流量 $4188m^3/s$）

时段初库容/ [$(m^3/s) \cdot h$]	时段末库容/ [$(m^3/s) \cdot h$]	本时段平均泄量及泄量平方值		余留时期最小泄量平方值 $f_{i+1}(V_i)$	累积泄量平方值 $f_i(V_{i-1})$	最小累积泄量平方值
		$q_i/(m^3/s)$	$q_i^2/(m^3/s)$			
102830		2008	4032064	0	4032064	4032064
102820		2005	4020025	0	4020025	4020025
102810	109370	2001	4004001	0	4004001	4004001
102800		1998	3992004	0	3992004	3992004
102790		1995	3980025	0	3980025	3980025

表 3 - 4　　　　　动态规划阶段计算　　（$n=3$，平均入库流量 $6575m^3/s$）

时段初库容/ [$(m^3/s) \cdot h$]	时段末库容/ [$(m^3/s) \cdot h$]	本时段平均泄量及泄量平方值		余留时期最小泄量平方值 $f_{i+1}(V_i)$	累积泄量平方值 $f_i(V_{i-1})$	最小累积泄量平方值
		$q_i/(m^3/s)$	$q_i^2/(m^3/s)$			
	102830	2002	4008004	4032064	8040068	
	102820	2005	4020025	4020025	8040050	
89110	102810	2008	4032064	4004001	8036065	8036065
	102800	2012	4018144	3992004	8040148	
	102790	2015	4060225	3980025	8040250	
	102830	1998	3992004	4032064	8024068	
	102820	2002	4008004	4020025	8028029	
89100	102810	2005	4020025	4004001	8024026	8024026
	102800	2008	4032064	3992004	8024068	
	102790	2012	4048144	3980025	8028169	
	102830	1995	3980025	4032064	8012089	
	102820	1998	3992004	4020025	8012029	
89090	102810	2002	4008004	4004001	8012005	8012005
	102800	2005	4020025	3992004	8012029	
	102790	2008	4032064	3980025	8012089	
	102830	1992	3968064	4032064	8000128	
	102820	1995	3980025	4020025	8000050	
89080	102810	1998	3992004	4004001	7996005	7996005
	102800	2002	4008004	3992004	8000008	
	102790	2005	4020025	3980025	8000050	
	102830	1988	3952144	4032064	7984208	
	102820	1992	3968064	4020025	7988089	
89070	102810	1995	3980025	4004001	7984026	7984008
	102800	1998	3992004	3992004	7984008	
	102790	2002	4008004	3980025	7988029	

表 3-5　　　　　　　动态规划阶段计算（$n=2$，平均入库流量 $8125m^3/s$）

时段初库容/ [(m³/s)·h]	时段末库容/ [(m³/s)·h]	本时段平均泄量及泄量平方值		余留时期最小泄量 平方值 f_{i+1}（V_i）	累积泄量平方值 f_i（V_{i-1}）	最小累积泄量 平方值
		q_i/(m³/s)	q_i^2/(m³/s)			
70730	89110	1998	3992004	8036065	12028069	12028069
	89100	2002	4008004	8024026	12032030	
	89090	2005	4020025	8012005	12032030	
	89080	2008	4032064	7996005	12028069	
	89070	2012	4048144	7984008	12032152	
70720	89110	1995	3980025	8036065	12016090	12016030
	89100	1998	3992004	8024026	12016030	
	89090	2002	4008004	8012005	12020009	
	89080	2005	4020025	7996005	12016030	
	89070	2008	4032064	7984008	12016072	
70710	89110	1992	3968064	8036065	12004129	12004009
	89100	1995	3980025	8024026	12004051	
	89090	1998	3992004	8012005	12004009	
	89080	2002	4008004	7996005	12004009	
	89070	2005	4020025	7984008	12004033	
70700	89110	1988	3952144	8036065	11988209	11988009
	89100	1992	3968064	8024026	11992090	
	89090	1995	3980025	8012005	11992030	
	89080	1998	3992004	7996005	11988009	
	89070	2002	4008004	7984008	11992012	

表 3-6　　　　　　　动态规划阶段计算（$n=1$，平均入库流量 $5403m^3/s$）

时段初库容/ [(m³/s)·h]	时段末库容/ [(m³/s)·h]	本时段平均泄量及泄量平方值		余留时期最小泄量 平方值 f_{i+1}（V_i）	累积泄量平方值 f_i（V_{i-1}）	最小累积泄量 平方值
		q_i/(m³/s)	q_i^2/(m³/s)			
60500	70730	1993	3972049	12028069	16000118	16000018
	70720	1996	3984016	12016030	16000046	
	70710	2000	4000000	12004009	16004009	
	70700	2003	4012009	11988009	16000018	

由表 3-6 可知，最小累积泄量平方值 $\min\sum q_i^2=16000018$，对应的第 1 阶段初库容为 60500（m³/s）·h，时段末库容为 70700（m³/s）·h，第 1 阶段最优泄量为 2003，对应的余留时期最小泄量平方值为 11988009（m³/s）·h（见表中下划线数据，据 11988009 找到第 2 阶段数据，见下划线数据，依此一直找到第 4 阶段的下划线数据），由该值对应到第 2 阶段可得，相应的时段末库容为 89080，第 2 阶段最优泄量为 1998，对应的余留时期最小泄量平方值为 7996005，由该值对应到第 3 阶段可得，相应的时段末库容为 102810，第 3

阶段最优泄量为 1998，对应的余留时期最小泄量平方值为 4004001，由该值对应到第 4 阶段可得，相应的时段末库容为 109370，第 4 阶段最优泄量为 2001，由此逆推得整个防洪优化调度过程。

故 $\min \sum q_i^2 = 16000018 \text{m}^6/\text{s}^2$，所得最优调度库容是由防洪限制水位对应的 60500（m^3/s）·h 经 70700（m^3/s）·h、89080（m^3/s）·h、102810（m^3/s）·h 至防洪高水位对应的 109370（m^3/s）·h。

综上，本例求得最优调度线是由防洪限制水位 110m 经 110.97m、112.64m、113.75m 至 114.25m，各时段最优泄量分别为 2003m^3/s、1998m^3/s、1998m^3/s 和 2001m^3/s。

本 章 小 结

本章主要介绍了水库优化调度的动态规划法及其模型。按照单一水库发电调度，库群水库发电调度以及水库防洪系统调度的顺序，详细阐述了水利水电工程在各项系统要求下，实现优化调度的方法与理论。通过本章内容的介绍，让读者学会利用动态规划的方法，解决水利水电工程系统的长期优化调度问题，深化了读者对于优化调度理论以及相应数学模型的理解。

思 考 题

1. 优化调度与常规调度的区别是什么？
2. 一个系统有什么特征，系统由哪几个部分组成？
3. 建立一个数学模型由哪几个部分组成？
4. 什么是动态规划最优化原理？
5. 简述用动态规划法解水库优化调度模型时的一般步骤。
6. 防洪调度有哪些优化准则和模型？它们各有何特点？

第四章 水电站厂内经济运行

作为水电站运行管理的重要组成部分，水电站厂内经济运行能够增加水电站经济效益的 $1\%\sim3\%$，这部分效益增加对于我国这样的水电大国和能源供需矛盾日渐突出的形势是非常有意义的。同时，水电大发展的广阔前景使水电站厂内经济运行总量效益可观。

随着电力市场化进程的加快，以及"厂网分开，竞价上网"的电力市场运营机制的实施，发电企业成了竞争主体，水电站在参与市场竞争的过程中，必须根据自身与竞争各方的运行特性，扬长避短，提高自身的竞争能力，以适应电力市场改革。

水电大发展使水电站厂内经济运行总量效益可观，技术进步使水电站厂内经济运行技术可行，而电力市场改革要求水电站厂内经济运行从理论走向实用。因此，在科技和生产实际的双重促进下，水电站厂内经济运行的研究、开发和应用就具有显著的实用价值。

水电站厂内经济运行主要研究：水电站的出力、流量和水头平衡；机组动力特性和动力指标，机组间负荷的合理分配方法；最优的运转机组数和机组的启动、停机计划；机组的合理调节程序和电能生产的质量控制及用计算机实现经济运行实时控制等。研究水电站厂内经济运行可以提高水电站的机组运行效率并有效地保持机组在正常要求范围内安全稳定运行，大大提高了水电站系统的经济效益。

第一节 水电站厂内经济运行的任务及内容

明确水电站厂内经济运行的任务及内容有利于明确各阶段重点完成的任务，便于整个厂内工作顺利、有序地开展，对水电站厂内经济运行具有重要的意义。

一、水电站厂内经济运行的任务

水电站厂内经济运行的基本任务是研究水电站在总负荷给定条件下其厂内工作机组最优台数、组合及启停次序的确定，机组间负荷的最优分配，即厂内最优运行方式制定和实现的有关问题[37]，实际上也是一种实时调度（逐小时及瞬间经济运行），将相应各小时分配到的负荷落实到各台机组，并根据负荷等因素的实际变化，调整各机组负荷，进行实时操作控制。

二、水电站厂内经济运行的内容

作为水电站生产技术管理的一项重要工作，其厂内经济运行的内容主要包括以下5点[38]。

（1）组织机组动力特性试验。这是挖掘水电站设备潜力的一项基础性工作，其目的在于摸清和获得原型机组的真实动力特性，为开展经济运行提供可靠依据。关于机组动力特性试验的知识和方法，读者可阅读相关文献。

（2）计算和编制机组动力特性。机组动力特性是经济运行中使用的基本动力特性，一般应根据原型机组动力特性试验资料直接编制。当还未进行原型试验时，则只能根据设备制造厂家提供的由机组模型试验资料换算得的有关动力特性编制。

（3）编制全厂的最优动力特性。这是厂内经济运行的核心工作，是对厂内经济运行策略的具体体现。因此，要按所建立的厂内经济运行数学模型，采用一定的优化方法，利用各机组动力特性，综合考虑影响经济运行的各种因素和条件，对水电站出力变化范围内的任何可能负荷，确定工作机组的最优台数、组合、启停次序及在各机组间进行负荷的最优分配，在此基础上编制出全厂的最优动力特性，为制订面临日水电站全厂及各台机组的经济运行方式（计划）及进行实时控制提供指导依据。

（4）制订面临日的厂内经济运行方式（计划）。根据电力系统给定的面临日水电站负荷图和其他有关信息资料，按所编制的全厂最优动力特性和各机组（段）动力特性。制订该日水电站及各机组的经济运行方式（计划），包括该日逐小时负荷的工作机组最优台数、组合、启停次序计划，下泄流量和上下游水位过程，各机组最优分配的出力过程，引用流量过程及各水轮机导叶开度过程等。

（5）进行实时控制，实现厂内经济运行。以所编制的面临日厂内经济运行方式（计划）为指导，根据面临时刻（段）及其后负荷等信息的可能变化，随时修正原计划方式，调整水电站及其各机组面临时刻（段）的决策和面临时刻至日末的经济运行方式，同时，还须考虑电力频率和电压的变化情况，调整相应的功率。负荷调整时可用手工操作，有条件时，应借助电子计算机或微处理机，实现水电站厂内经济运行的自动控制。

第二节　水电站动力特性

水电站的生产过程，是水能通过水轮机转变为机械能，再由发电机把机械能转变为电能的过程，这是主过程。此外还有电能参数的变换，相应的调节控制等过程。分析能量在生产过程中的变化和损失特性，一般采用动力指标作为基本工具。

一、水电站动力指标

动力指标中有三种常用的，称为基本动力指标：绝对动力指标，单位动力指标和微分动力指标。

1. 绝对动力指标

绝对动力指标是指以动力因素的基本单位绝对值表示的动力指标，是评价水电站运行整体效益及在电子计算机上进行数值计算的基本指标，常用的有如下几种。

（1）水头 H。水头是构成水能的要素之一，是水电站所利用水流的含能性指标，其度量单位为 m。我们把水轮发电机组（水轮机和发电机）以及和机组对应的引水管道一起合称为机组段。对机组单元引水的电站来说，水流经过拦污栅、进水口、输水管道及阀门（如蝶阀）等都不可避免的会引起水头损失 ΔH，这些水头损失又可以区分为沿程摩阻水头损失和局部水头损失两大类。一般来说，水头损失与输水管中流过的流量有关，并可用公式表示为

$$\Delta H = KQ^2 \tag{4-1}$$

式中：ΔH 为水头损失；K 为一系数，可根据水力学中公式计算或由实测资料得到；Q 为

流量。

因此，机组段水头和水轮机水头有所不同，两者相差的部分正是这个水头损失，水轮机水头等于机组段水头减去引水水头损失。

（2）流量 Q。流量单位通常用 m^3/s。流量反映了单位时间内，流经水轮机机组的水量。

（3）输入功率 P_{in}、输出功率（出力）P、功率损失 ΔP，度量单位为 kW、MW 或万 kW。三者之间的关系以功率平衡方程 $P = P_{in} - \Delta P$ 表示。

（4）输入能量 E_{in}、输出能量（发电量）E、能量损失 ΔE，度量单位为 kW·h。三者之间的关系以能量平衡方程式 $E = E_{in} - \Delta E$ 表示。

2. 单位动力指标

单位动力指标是评价水电站生产过程"物质含量"的重要效益指标之一，常用的有如下几种。

（1）效率 η，它是指输出功率 P（或输出能量 E）对输入功率 P_{in}（或输入能量 E_{in}）的比值，即

$$\eta = \frac{P}{P_{in}} = \frac{P_{in} - \Delta P}{P_{in}} = 1 - \Delta\eta < 1 \tag{4-2}$$

或

$$\eta = \frac{E}{E_{in}} = \frac{E_{in} - \Delta E}{E_{in}} = 1 - \Delta\eta < 1 \tag{4-3}$$

式中：$\Delta\eta$ 为功率或能量损失率，由于损失不可避免，显然 η 小于 1。

（2）单位耗功率 q_{0p}，是指输入功率 P_{in} 对输出功率 P 的比值，即

$$q_{0p} = \frac{P_{in}}{P} = \frac{1}{\eta} > 1 \tag{4-4}$$

（3）单位耗水率 q_0，是水电站引用流量 Q 对其出力 P 的比值，单位为 $m^3/(s \cdot kW)$，即

$$q_0 = \frac{Q}{P} \tag{4-5}$$

q_0 也可用水电站引用水量 W 对其发电量 E 的比值表示，单位为 $m^3/(kW \cdot h)$，即

$$q_0 = \frac{W}{E} \tag{4-6}$$

3. 微分动力指标

微分动力指标是以绝对动力指标微增量的比值表示的指标，一般称为微增率。这是对水电站运行方式变化更加敏感的指标，广泛用于优化计算，特别适用于各种课题的分析法求解，常用的有以下几种。

（1）功率微增率 q_p，即

$$q_p = \frac{dP_{in}}{dP} = \frac{d(P + \Delta P)}{dP} = 1 + \frac{d\Delta P}{dP} \tag{4-7}$$

式中：$\frac{d\Delta P}{dP}$ 为功率损失微增率。

（2）流量微增率 q，单位为 $m^3/(s \cdot kW)$，即

$$q = \frac{\mathrm{d}Q}{\mathrm{d}P} = \frac{1 + \dfrac{\mathrm{d}\Delta P}{\mathrm{d}P}}{9.81H} = \frac{q_p}{9.81H} \qquad (4-8)$$

二、动力特性曲线

动力特性曲线综合反映出机组在不同工况下的效率，以及能量在型式与数量上的变化。常见的动力特性曲线有 $\Delta N - N$、$Q - N$、$\eta - N$、$q - N$、$\dot{q} - N$ 等。图 4-1 为某固定水头下的典型动力特性曲线。由图 4-1 （b）可以看出，当引用流量大于机组的空载流量 Q_0 时，一般随着引用流量的增加，机组出力会增加；但在机组高出力区，功率损失将随出力的增加而增加［图 4-1 （a）］，故出力增加的速度会减慢；当达到最大出力 $N_{\max}$ 时，若再增加引用流量，输出功率反而会减小；因此，图中分为运行区（实线段）和非运行区（虚线段）。此外，所谓典型动力特性曲线，是指这些曲线的形状具有一般性，对具体电站而言，其动力特性曲线将由机组实际运行状况决定。

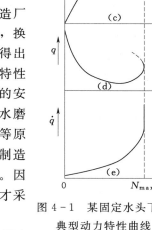

图 4-1 某固定水头下的典型动力特性曲线

一般来说，这些特性曲线的获得有两种途径：①根据制造厂家水轮机模型试验特性曲线和引水管道、发电机等特性资料，换算得出原型特性曲线；②根据机组的现场效率试验数据计算得出效率曲线（$\eta - N$ 曲线），再由各特性曲线间的关系绘制其他特性曲线。但由于水轮机发电机组的加工制造和机组、引水管道的安装一般难以满足设计要求，且实际运行中水轮机受气蚀和漏水磨损等因素的影响而性能变坏，以及拦污栅堵塞引起水头损失等原因，使得整个机组效率降低，故实际的机组特性曲线与根据制造厂家提供的模型资料换算得出的原型特性曲线是有差别的。因此，往往在无法取得水轮发电机组效率特性曲线的情况下，才采用第一种方法。

图 4-2 为 $Q - N$、$\dot{q} - N$ 曲线在不同水头（$H_1 < H_2 < H_3$）下的示意图，可以看出，水头越高，相同出力下消耗的水量越少。

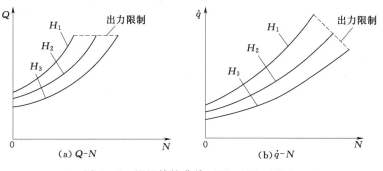

图 4-2 机组特性曲线（$H_1 < H_2 < H_3$）

第三节　等微增率法求解运行机组的最优组合和负荷分配

一、运行机组间负荷最优分配

水电站中常以两台以上的机组并行运行，共同承担电力系统给定的负荷，此时机组会有许多运行工况。一般与运行方式有关的机组工况参数有 3 个：运行机组台数、运行机组组合及各机组所承担的负荷。水电站厂内经济运行的问题之一就是在给定负荷的情况下，如何选择最优机组组合以及如何在机组间进行最优负荷分配。解决这一问题的最常见方法是等微增率法和动态规划法，这一节主要介绍等微增率法。

1. 等微增率原则

当电力系统在某一时刻分配给水电站的负荷一定时，水电站运行机组间最优负荷分配应满足"通过各机组的总流量为最小"这一原则，则数学模型为

$$\text{obj.}\quad \min Q = \min\left(\sum_{i=1}^{n} Q_i(N_i, H_i)\right) \tag{4-9}$$

$$\text{s. t.}\quad N = \sum_{i=1}^{n} N_i = \text{const} \tag{4-10}$$

$$Q_i \in D_i \tag{4-11}$$

式中：Q_i 为第 i 台机组的引用流量；Q 为水电站运行机组引用的总流量；N_i 为第 i 台机组所承担的负荷；N 为系统给定水电站的总负荷（const 表示定值）；n 为水电站投入运行的机组总数；D_i 为第 i 台机组的引用流量范围。

下面讨论两台机组间如何进行经济负荷分配。两台机组的流量特性曲线，如图 4-3 所示。

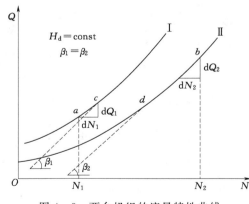

图 4-3　两台机组的流量特性曲线

当电力系统分配给水电站的负荷为 N 时，根据电力平衡条件有

$$N = N_1 + N_2 = \text{const} \tag{4-12}$$

两台机组的总工作流量为

$$Q = Q_1 + Q_2 \tag{4-13}$$

从图 4-3 可看出，若分配机组 I 承担负荷 N_1，机组 II 承担负荷 N_2，这样机组 I 应在流量特性曲线 I 上 a 点运行，机组 II 在曲线 II 上 b 点运行，如果增加机组 I 的负荷，就需要相应减少机组 II 的负荷，故当机组 II 减少负荷 dN_2 时，其所消耗的流量也将减少 dQ_2（为负值），这时为满足出力平衡条件式

(4-12) 就要求机组 I 增加负荷 dN_1，且 dN_1 必须与 $-dN_2$ 相等，相应的机组 I 所消耗的流量将增加 dQ_1（为正值）。

在图 4-3 上，因曲线的坡度是由下向上渐增的，因此有 $|dQ_1| < |dQ_2|$，电站总流量值为

$$dQ = dQ_1 + dQ_2 < 0$$

也就是说，将两台机组的运行方式稍加改变，电站的总工作流量可以减少，使水电站带来经济效益，这说明减少机组 II 的负荷、增加机组 I 的负荷是有利的。

如果继续减少机组 II 的负荷、增加机组 I 的负荷，直至机组 II 减负荷至 d 点，机组 I 增加负荷至 c 点运行时为止，在该两点（c、d）处两台机组流量特性曲线的切线斜率相等。即 $\dfrac{dQ_1}{dN_1} = \dfrac{dQ_2}{dN_2}$，因而有 $dQ = dQ_1 + dQ_2 = 0$。它说明在两流量特性曲线的微增率数值相等处，电站的总工作流量不再减少，而在 c 点右侧、d 点左侧，若继续减少机组 II 的负荷、增加机组 I 的负荷，则由于 $\dfrac{dQ_1}{dN_1} > \dfrac{dQ_2}{dN_2}$，使 $dQ = dQ_1 + dQ_2 > 0$。这说明继续减少机组 II 的负荷、增加机组 I 的负荷是不利的，电站工作流量已开始增加。

通过以上分析，在某一给定负荷情况下，水电站总工作流量为最小的条件，就是这两台机组的流量微增率相等。即

$$\frac{dQ_1}{dN_1} = \frac{dQ_2}{dN_2} \tag{4-14}$$

当水电站有 n 台机组同时运行时，则有

$$\dot{q}_1 = \dot{q}_2 = \cdots = \dot{q}_n \tag{4-15}$$

这就是最优负荷分配的等微增率原则。

由于微增率曲线所示为机组运行区，也可用求函数条件极值的拉格朗日乘数法推导等微增率原则。只考虑约束条件式（4-10），则可构造拉格朗日函数 F：

$$F = \sum_{i=1}^{n} Q_i + \lambda \left(N - \sum_{i=1}^{n} N_i \right) \tag{4-16}$$

式（4-16）无条件极值的必要条件为：

$$\left. \begin{aligned} \frac{\partial F}{\partial N_1} &= \frac{\partial Q_1}{\partial N_1} - \lambda = 0 \\ \frac{\partial F}{\partial N_2} &= \frac{\partial Q_2}{\partial N_2} - \lambda = 0 \\ &\vdots \\ \frac{\partial F}{\partial N_n} &= \frac{\partial Q_n}{\partial N_n} - \lambda = 0 \end{aligned} \right\} \tag{4-17}$$

在机组段水头固定的情况下，式（4-17）可写为如下形式：

$$\frac{dQ_1}{dN_1} = \frac{dQ_2}{dN_2} = \cdots = \frac{dQ_n}{dN_n} = \lambda = \text{const}$$

即

$$\dot{q}_1 = \dot{q}_2 = \cdots \dot{q}_n = \lambda = \text{const} \tag{4-18}$$

式（4-18）即为运行机组间最优分配负荷的等微增率原则。

一般情况下，机组的流量等微增率值是随机组出力的增加而增大的，因而流量对出力的二阶导数大于零，即 $\dfrac{d^2 Q}{dN^2} > 0$（此即总工作流量获得极小值的充分条件），所以满足等微增率原则的负荷分配方式是使水电站工作流量为极小值的最优运行方式。

2. 用微增率曲线进行固定机组间负荷最优分配

固定机组间负荷最优分配是指已确定了开机组合，且这些机组不论承担多少负荷（甚至空载）都并在电网上运转时，决定负荷在机组间的分配，使全厂工作流量最小。为了便于说明问题，以两台并列运行机组为例进行讨论。

（1）将某固定水头下两台机组的微增率曲线 $\dot{q}_1 - N_1(H)$ 和 $\dot{q}_2 - N_2(H)$ 绘于同一图中（图 4-4），图中曲线 1、曲线 2 分别为 1 号机组和 2 号机组的微增率曲线。曲线 3 是曲线 1 加曲线 2 横坐标，曲线 3 上 B 点坐标为 $(N_t, \dot{q}_t)$，$N_t = N_{1t} + N_{2t}$，同样，$N_a = N_{1a} + N_{2a}$。

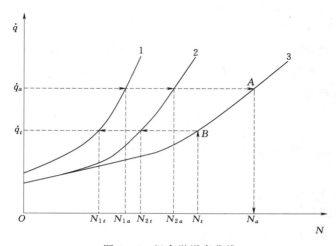

图 4-4　组合微增率曲线

（2）任取一微增率值 $\dot{q}_a$，做一水平线，分别与两台机组的微增率曲线相交于点 $(N_{1a}, \dot{q}_a)$ 和 $(N_{2a}, \dot{q}_a)$，则两台机组的总负荷为 $N_a = N_{1a} + N_{2a}$，于是在图中可确定总负荷点 $A = (N_a, \dot{q}_a)$，改变微增率值 $\dot{q}_a$，可得一系列总负荷点 $(N_a, \dot{q}_a)$，将其用光滑曲线连接，便得出了总微增率曲线 3，如图 4-4 中曲线 3 所示。

（3）当电力系统给定某一负荷 N_t 时，在 $N = N_t$ 处做一垂线，与曲线 3 相交于点 $B(N_t, \dot{q}_t)$（图 4-4），做水平线 $\dot{q} = \dot{q}_t$ 分别与曲线 1、曲线 2 相交于 $(N_{1t}, \dot{q}_t)$ 和 $(N_{2t}, \dot{q}_t)$，得出两台机组的出力分别为 N_{1t}、N_{2t}，即为负荷在两台机组间的最优分配。

如果并列运行机组台数 $n > 2$，仍按上述过程先做出 $n-1$ 台机组的总微率曲线，再加上第 n 台机组的微增率曲线，得到总微增率曲线，再通过总微增率曲线将总负荷分配给各台机组。

在用计算机实行实时分配与控制时，上述分配过程实为一查表过程，即根据总负荷，从最优分配表中找出最优分配方案；故实施很方便。

二、机组最优组合与负荷分配

以上讨论的是固定机组间的负荷最优分配问题。在工程中，问题往往是已知电厂负荷而需要选取机组台数、台号并在选定的机组之间进行负荷的优化分配。此时需要考虑各台机组的空载流量对于负荷分配的影响，故应使用组合流量特性曲线。仍以两台机组为例，按等微增率法来求解，步骤如下。

（1）在某固定水头下，按上一节步骤做出所有机组的组合微增率曲线，见图4-4。

（2）当给定某一负荷 N_t 时，由微增率曲线可求得两台机组间最优负荷分配分别为 N_{1t}、N_{2t}，查各台机组相应流量特性曲线，可得 Q_{1t}、Q_{2t}，则总流量为 $Q_t = Q_{1t} + Q_{2t}$。

（3）在流量特性曲线上做出点 (Q_t, N_t)，即得到负荷为 N_t 时，在该水头下两台机组最优负荷分配时的总流量。

（4）改变 N_t 值，可得一系列点 (Q_t, N_t)，将其用光滑曲线连接起来就是总流量曲线，将该曲线与各台机组的流量特性曲线绘于一张图中（图4-5）。图中曲线3为总流量曲线，曲线1、曲线2分别为1号机组和2号机组的流量特性曲线。

由图4-5可见，1号机组和2号机组的流量特性曲线相交于 A 点，曲线2和组合曲线3相交于 B 点。当电力系统给定水电站的负荷小于 N_A 时，应投入1号机组运行，因为1号机组的空载流量较小（$Q_1^k < Q_2^k$）；随着给定负荷的增加，空载流量的影响越来越小，在 A 点以右，如果继续以1号机组运行，其耗用的流量大于2号机组的耗用流量，故应投入2号机组运行，切除1号机组；当负荷大于 N_B 后，应该以两台机组并列运行，且机组间按最优负荷分配原则（即 $\dot{q}_1 = \dot{q}_2$）进行负荷分配，将会使水电站的总工作流量最小。如果我们不按此结论选择运行机组，必然要增加耗用流量，产生附加流量损失，如图4-5中阴影部分所示。附加损失的大小决定于偏离最优分界点的多少，故可称为偏优损失。

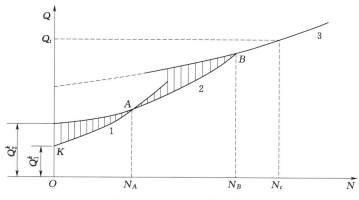

图4-5　组合流量特性曲线

上述方法同样适用于多台机组。需要指出的是，当机组段水头不同时，机组组合分界点的位置将发生改变，故对实际水电站，应在各种机组段水头下进行机组最优组合和最优分界点的研究，并将结果以曲线图的形式表示出来，运行时可直接查用也可将最优分配结果存储在电脑中，运行时根据电力系统需要的负荷 N_t 直接找出最优分配方案。

第四节　动态规划法求解运行机组的最优组合和负荷分配

等微增率法应用于机组最优组合和负荷分配，虽然简单直观，但有个前提条件，那就是水电站所有机组段的流量特性曲线都是光滑的凸函数，或者可以通过较小修正误差而修正为光滑的凸函数。此外，当机组存在出力限制区时也会给等微增率法的使用带来很多困难。为此，可采用动态规划法来解决微增率曲线非凸及不连续时的机组负荷最优分配问题[39,40]。

一、机组间负荷最优分配的动态规划方法

（一）动态规划模型

机组间负荷最优分配的数学模型由式（4-19）～式（4-21）构成，即

$$\begin{aligned} \text{obj.} \quad & \min Q = \min\Big[\sum_{i=1}^{n} Q_i(N_i, H_i)\Big] \\ \text{s.t.} \quad & N = \sum_{i=1}^{n} N_i = \text{const} \\ & Q_i \in D_i \end{aligned} \right\} \quad (4-19)$$

现在用动态规划法来求解。取阶段变量 i 为工作机组的台数，例如 $i=2$，表示第二阶段可以有两台机组工作（当然也可以是一台机组工作）；决策变量 N_i 为新投入运行的第 i 台机组所承担的负荷；状态变量 $N_{1,i}$ 为第 i 阶段所有运行机组的总负荷，则状态转移方程为

$$N_{1,i} = N_{1,i-1} + N_i \quad (4-20)$$

于是动态规划顺时序递推方程为

$$\begin{aligned} f_i^*(N_{1,i}) &= \min_{N_i \in C_i, i \in A_i} \big[Q_i(N_i) + f_{i-1}^*(N_{1,i-1})\big] \quad (i=1,2,\cdots,n) \\ f_0^*(N,0) &= 0 \end{aligned} \right\} \quad (4-21)$$

式中：$f_i^*(N_{1,i})$ 为第 i 阶段所有运行的机组承担总负荷 $N_{1,i}$ 时的最小（优）总流量；Q_i 为第 i 台机组承担负荷 N_i 时的工作流量；C_i 为第 i 台机组负荷的可行域；A_i 为第 i 个阶段决策时未运行机组的组合。

（二）例题

【例 4-1】 某水电站有 3 台 3 万 kW、1 台 4 万 kW 的水力发电机组，在水头 35m 时，机组流量特性见表 4-1，其中出力为 0 时表示该机组停机，问：当总负荷 $N_{CT}=5$ 万 kW 时，如何在机组间进行最优负荷分配？

表 4-1　　　　　　　　　　　　机 组 流 量 特 性 曲 线

N \ Q \ i	1	2	3	4
0	0	0	0	0
1	30	31	29	28
2	34	34	35	35
3	38	37	38	37
4		40		

注　流量 Q 单位为 m³/s，出力 N 单位为万 kW，i 为机组编号。

解：用动态规划顺时序递推计算：

（1）当第 1 台机组开启时，有可能荷载为 $N_y = N_{1,1} = \{0,1,2,3\}$，对应的最小流量为 $Q_{1,1}^* = \{0,30,34,38\}$，记入表 4-2 第一列。

表 4 - 2　　　　　　　　　　　　　　最 优 负 荷 分 配 表

i	1		2		3		4	
N_r	N_1^*	$Q_{1,1}^*$	N_2^*	$Q_{1,2}^*$	N_3^*	$Q_{1,3}^*$	N_4^*	$Q_{1,4}^*$
0	0	0	0	0	0	0	0	0
1	1	30	0	30	1	29	1	28
2	2	34	{0,2}	34	0	34	0	34
3	3	38	3	37	0	37	{0,3}	37
4			<u>4</u>	<u>40</u>	<u>0</u>	<u>40</u>	0	40
5			4	70	1	69	<u>1</u>	<u>68</u>

（2）当第 2 台机组开启时，有可能荷载 $N_\gamma = N_{1,2} = \min(N_{CT}, N_{1,1} + N_2) = \{0,1,2,3,4,5\}$，对应的最小流量为

$$Q_{1,2}^* = \min\{Q_2(N_2) + Q_{1,1}^*(N_1)\} \qquad (4-22)$$

满足条件
$$N_2 + N_1 = N_\gamma$$

以 $N_\gamma = 2$ 为例，此时可能组合为 $(N_1, N_2) = \{(0,2),(2,0),(1,1)\}$，由式（4-22）可得 $Q_{1,2}^* = 34$，$N_2 = \{0,2\}$。同理，可计算得其他值时的最优流量及相应负荷分配，记入表 4 - 2 第 2 列。

（3）对第 3、第 4 台机组，重复步骤（2），可得相应的最小流量分配，分别记入表 4 - 2 第 3、第 4 列中。

（4）令 $i = 4$，$N_\gamma = N_{CT} = 5$，得到第 4 台机组的负荷为 $N_4 = N_4(N_\gamma) = 1$，再按下式继续进行回代计算：

$$\left.\begin{array}{l} N_\gamma = N_{CT} - N \\ i = i - 1 \\ N_i = N_i^*(N_\gamma) \end{array}\right\} \qquad (4-23)$$

由 $N_\gamma = N_{CT} = 5$ 万 kW 时的最小流量分配结果可知，当开启 4 台机组时的总流量最小为 $68 \mathrm{m^3/s}$，即最优流量，此时 4 号机组承担了 1 万 kW 的负荷；然后，剩下的 4 万 kW 负荷由 1～3 号机组承担，这 3 台机组的最优总引用流量为 $40 \mathrm{m^3/s}$，对应至表 4 - 2 的第 3 列可知，此时 3 号机组停机，也就是 4 万 kW 的负荷由 1 号、2 号机组承担，这两台机组的最优总引用流量为 $40 \mathrm{m^3/s}$，对应至表 4 - 2 的第 3 列可知，此时 2 号机组承担全部 4 万 kW 的负荷，1 号机组停机，由此过程逆推得机组间的负荷最优分配方案（见表 4 - 2 中下划线数据）。

于是可得总负荷为 5 万 kW 时的方案为：第 1 至第 4 台机组的负荷数分别为 （0，4，0，1）。

在实际应用中，一般对每种水头进行补插，得 $Q - N$ 曲线，按上述动态规划算法计算各种总负荷下的最优负荷分配方案，制成数据库文件，工作时只需要查最优负荷分配方案的库文件即可。

二、固定机组之间的负荷分配

由于机组已经选定，则无论是否载负，都需并网运行，因此，若负荷为 0 时，应计入

空载流量。于是，只要把表 4-1 中的零负荷运行改为各机组空载流量即可。

假设有空载流量机组流量特性见表 4-3，利用递推方程式（4-16），按上述方法可获得固定机组的最优负荷分配表（表 4-4），当已知总负荷时，查该表即可获得固定机组间的最优负荷分配。例如，当总负荷为 $N_{Cy}=5$ 万 kW，第 1 至第 4 号机组的负荷分配方案为：（1，0，2，2），（2，0，1，2），（2，0，2，1），总工作流量均为 123m³/s。

表 4-3   机 组 流 量 特 性 表

N \ Q \ i	1	2	3	4
0	25	24	25	23
1	30	31	29	28
2	36	39	35	34
3	43	48	43	41
4		58		

表 4-4   固定机组间的最优负荷分配表

N_{Cy} \ N_i^* \ i	1	2	3	4	最小流量/（m³/s）
0	0	0	0	0	97
1	0	0	1	0	101
2	0	0	1	1	106
	1		1	0	
3	1	0	1	1	111
4	1	0	1	2	117
	2		2	1	
	2	0	1	1	
5	1	0	2	2	123
	2		1	2	
	2		2	1	
6	2	0	2	2	129
7	2	0	2	3	136
		1		2	
	3			2	
8	2	1	2	3	143
	3	0			
	3	1	2	2	
9	3	1	2	3	150
10	3	1	3	3	158
		2	2		

N_{Cy} \ N_i^* i	1	2	3	4	最小流量/(m^3/s)
11	3	2	3	3	166
12	3	3	3	3	175
13	3	4	3	3	185

第五节 电厂开停机计划的制订

一、数学模型

前两节介绍了如何将给定负荷在机组间进行最优分配的方法。在电厂经济运行中，还需要研究在一个调度期（如 24h）内，给定各时段的负荷时，如何确定各时段的开机台数、台号组合，并在所选的组合之间最优分配各时段的负荷，以使电站一天的耗水量最小，此即为电厂开停机计划的制订。电厂开停机计划的制订是厂内经济运行的重要内容，其数学模型一般为

$$
\left.
\begin{aligned}
&\text{obj. min}W = \min \sum_{t=1}^{T} \left[\sum_{i=1}^{n} (Q_t, i)\Delta t + W_{tr} \right] \\
&\text{s. t.} \sum_{i=1}^{n} N_{t,i} = N_{t,L} = \text{const} \\
&Q_{t,i} \in D_i
\end{aligned}
\right\}
\tag{4-24}
$$

式中：W 为调度期内总耗水量；$Q_{t,i}$ 为 t 时段第 i 台机组的耗水流量；$N_{t,i}$ 为第 t 时段第 i 台机组的出力；$N_{t,L}$ 为第 t 时段的负荷需求，是给定常数；W_{tr} 为第 t 时段开停机耗水量；n 为机组台数；Δt 为时段时长；D_i 为第 i 台机组的引用流量范围。

二、动态规划递推模型

由于初始时段的机组组合是已知的，此时采用逆向递推计算较为有利。由式（4-24）逆向递推计算的方程组为

$$
\left.
\begin{aligned}
&f_t^*(s_t) = \min[W_t(N_t) + W_{tr}(s_t, s_{t+1}) + f_{t+1}^*(s_{t+1})] \\
&f_{T+1}^*(S_{T+1}) = 0
\end{aligned}
\right\}
\tag{4-25}
$$

式中：阶段变量为时段 t ；决策变量为第 t 时段内的机组组合号 s_t ；状态变量为第 $t+1$ 时段内的机组组合号 s_{t+1} 。所谓机组组合号，就是对所有机组排列组合所做的编号，若电站有 n 台机组，则机组的排列组合共有 $A=2^n-1$ 个，为便于求解，可按某种顺序将其编号。一个组合号就对应着一种电站机组的运行工况。于是，$W_t(N_t)$ 表示 t 号机组工作状态为 N_t 时的耗水量，$W_{tr}(s_t, s_{t+1})$ 表示由第 $t+1$ 时段的状态 s_{t+1} 转变到第 t 时段的状态 s_t 时，机组开停机引起的水量损失。状态转移方程则为

$$
s_t = s_{t+1} + N_t \tag{4-26}
$$

式（4-25）的含义是，当第 $t+1$ 时段以 s_{t+1} 号机组组合运行时，第 t 时段的状态就是使出力满足负荷需求 $N_{t,L}$ 且耗水量最少的最优机组组合状态 s_t ，并且负荷 $N_{t,L}$ 应在第 t 号机组组合间进行优化分配。

三、模型求解

由模型 4-24 可知，用动态规划求解机组开停机计划，实质上是一个双重动态规划过程，第一重动态规划是在不同的时段选取相应的机组组合（即时间优化），第二重动态规划是在所选定的组合之间优化分配负荷 $N_{t,L}$（即空间优化）。双重动态规划将消耗大量的内存和时间，无法直接用于生产控制。然而如果通过查经济运行总表（即离线算得的固定机组最优负荷分配表），得到机组间最优负荷分配，则可大大节省计算时间。

1. 利用经济运行总表求任意机组间负荷最优分配

表 4-4 就是对固定开机台数及在固定机组编号间进行最优负荷分配的经济运行总表。当开机台数改变时，只得更改机组编号，重新计算。然而这样做很麻烦，且当可选的机组组合较多时，这种求解方法很容易产生"维数灾"。

如果利用动态规划最优化原理，则可以将问题十分方便地求解。

设

$$N^* = [N_1^* \cdots N_i^* \cdots N_n^*]$$

$$\text{s. t.} \qquad \sum_{i=1}^n N_i^* = N^0$$

定义 N^* 为电厂负荷 N^0 在 n 台机组之间的最优分配策略，其中 N_i^* 为第 i 台机组在策略 N^* 中所承载的负荷。对于电厂负荷 N，定义

$$\pi N^* = [\pi_1 N_1^* \cdots \pi_i N_i^* \cdots \pi_n N_n^*] \qquad (4-27)$$

$$\text{s. t.} \qquad \sum_{i=1}^n \pi_i N_i^* = N$$

这里 $\pi = [\pi_1 \cdots \pi_i \cdots \pi_n]$ 是任一组组合状态向量，其中

$$\pi_i = \begin{cases} 1 & \text{机组运行} \\ 0 & \text{机组停机} \end{cases}$$

则 πN^* 对于 N 是一个最优策略（向量）（证明从略）。

该定理说明，一个最优策略的任意子策略也是最优的，并且与决策的顺序无关。定理中，πN^* 构成 N 的若干个子策略。根据该定理，不难用表 4-4 进行任意机组之间的最优负荷分配。

不失一般性，设第 l 号、m 号机组停机，若发电厂的负荷是 N，现在的问题是把负荷 N 如何在不包含第 l 号、m 号机的机组之间实行最优分配，其步骤如下：

（1）在表 4-4 中，先选定某 J 行，使 $N_{CY}(J) = N$。

（2）计算 $N_1 = \sum_{i=1}^n N_i^*(J)$（$i \neq l, m$）。

（3）若 $N_1 = N$，则 $N_i = N_i^*(J)$（$i \neq l, m$）。

若 $N_1 < N$，则 $N_2 = N_1$（$J = J + 1$），转步骤（2）；

若 $N_1 > N$，则可按下式进行插值，以求得各机组的负荷 N_i：

$$N_i = N_i^*(J) - \frac{N_i^*(J) - N_i^*(J-1)}{N_1 - N_2} \quad (i \neq l, m)$$

这样，有了这个定理，就把一个繁琐的递推计算化为简单的查表计算，既简单又直观。

例如，当 3 号机组因故停机时，由表 4-4 可得知，总负荷 $N = 10$ 万 kW 在机组 1～4

之间进行优化分配的方案为（3，4，3）。

2. 开停机过程附加转换耗水量 $W_{tr}(s_t, s_{t+1})$ 的计算

对于每一机组组合，各台机组都有不同的工况。设第 t 个时段机组状态组合为

$$s_t = [S_{t1} \cdots S_{ti} \cdots S_{tn}] \tag{4-28}$$

其中
$$S_{ti} = \begin{cases} 1 & \text{第 } i \text{ 台机组运行} \\ 0 & \text{第 } i \text{ 台机组停机} \end{cases}$$

在逆向递推中，状态转移向量为

$$N_t = s_t - s_{t+1} \tag{4-29}$$

式中：N_t 为 t 号机组出力。

设
$$S_{tri} = \begin{cases} 1 & \text{第 } i \text{ 台机组启动并网} \\ 0 & \text{第 } i \text{ 台机组保持原状} \\ -1 & \text{第 } i \text{ 台机组从运行状态停役} \end{cases}$$

于是在计算时段之间的转换耗水量时，对于各机组：当 $S_{tri} = 1$ 时计入开机耗水量；对于 $S_{tri} = -1$ 时，则计入停机耗水量，当 $S_{tri} = 0$，机组保持原状（N_t 出力）运行。

3. 模型求解

如前所述，动态规划模型式（4-24）的求解实为双重动态规划过程，其中时间优化问题的求解思路基本如第三章相关内容所示；空间优化问题的求解则可通过经济运行总表变成查表过程，从而可使运算速度大大提高。

本 章 小 结

本章主要讨论了水电站厂内经济运行的理论与方法，阐述了水电站厂内经济运行的任务与内容，说明了水电站各项动力特性指标，包括绝对动力指标、单位动力指标和微分动力指标，并且分别运用微增率法和动态规划法求解了机组间负荷最优分配以及电厂开停机计划制订的问题，列出对应的数学模型和求解方法，让读者学会运用这两种方法解决水电站厂内经济运行的相关问题。

思 考 题

1. 水电站厂内经济运行的数学准则是什么？

2. 如何用等微增率法进行机组之间的最优负荷分配？

3. 试自编程序计算机组之间最优负荷分配方案。

4. 利用表 4-4，将电厂负荷 $N=8$ 在第 1、第 3、第 4 号机组之间进行优化分配，电厂工作流量是多少？当电厂负荷 $N=5$ 时，如何在第 1、第 2、第 4 号机组之间进行优化分配？

5. 试制订水电站一天的开停机计划及各时段中机组之间的负荷分配方案（用表 1-1 机组流量特性曲线，开机耗水量 10，停机耗水量 8）。

第五章　水电站短期经济运行

水电站短期经济运行的主要任务是将长期经济运行所分配给本时段的输入（来水量）能在更短时段（日、小时）间合理分配，制定出电站短期最优运行方式，即确定出短期内电站逐日、逐小时的负荷分配和运行状态。其中，周经济运行是确定水电站在周内各日的最优发电量以及水库最优调度方式；日经济运行是确定水电站在日内各小时的发电量和相应的水库最优调度方式。在水电站短期经济运行中，日经济运行具有更典型和更现实的意义。这是因为除了在洪水期，水电站为避免更多弃水以全部可用容量在电力系统负荷图基荷工作外，在其余时期，具有任何调节性能水库的水电站都要进行日调节。电力系统中水电站日运行优化方式的研究是提高电力系统运行经济性的重要课题之一。由于电力系统中某一水电站的日运行方式与系统中火电厂和水电站的运行方式有密切联系，所以水电站日运行方式的优化可归结为电力系统日运行方式的优化，即其中水电站、火电厂的日负荷最优分配。因为水电站来水和系统日负荷图，受许多随机因素影响，还不可能实现准确预测和预报，所以严格意义上讲，这是一个具有随机规划性质的课题。

第一节　水电站短期经济运行概述

在电力系统和水电站日运行实际中，对于影响来水、负荷变化的随机因素和综合利用要求的变化通常作以下考虑：制定日运行计划时，日运行方式的优化按确定性课题求解；而在实时控制时，针对来水、负荷及其他要求的实际变化，灵活操作。不断调整和修正水电站的计划日运行方式，使预测、预报误差的影响减小到最低程度，尽可能实现水电站的最优运行。本章主要介绍电力系统中水、火电站的日负荷分配。

一、水、火电站日运行最优准则

从工程经济角度出发，电力系统日经济运行的最优准则应该是：在电力系统日负荷图及水电站日可用水量一定，以及满足其他有关约束条件下，确定电力系统中水电站和火电站之间的日负荷最优分配方式及水电站水库的最优调度方式，使电力系统总的日运行费用最小。

显然电力系统运行费用与水电站运行方式有关，因为经过优化调度，水电站可能增加发电量，直接减少火电站的发电煤耗，并通过各水电站逐日逐时负荷的改善，可能有利于降低火电站的单位发电煤耗。又由于影响系统运行费用的各因素之中，随水电站运行方式改变的，主要是燃料消耗，故电力系统总的日运行费用最小等价于日耗煤量最小。

二、水、火电站日运行方式的数学模型

在各种具体情况下，水电站日运行方式具有不同的具体性质及相应的数学模型，一般来说，其数学模型如下。

1. 目标函数

（1）若采用电力系统日运行的"总耗煤量最小"准则，目标函数可表示如下：

$$\min \sum_{t=1}^{T} \sum_{j=1}^{m} B_{tj} \Delta t \qquad (5-1)$$

式中：B_{tj} 为火电站 t 时段的耗煤率；j 为火电站编号；m 为火电站个数；T 为调度期内划分的时段数，对日运行一般 $T=24$；Δt 为时段时长。

（2）若采用电力系统日运行"总费用最小"准则，目标函数可写成

$$\min U = \min \left(\sum_{t=1}^{T} R_t \Delta t \right) \qquad (5-2)$$

式中：U 为系统日运行总费用；R_t 为费用率，即系统 t 小时运行的费用，当用各电站的费用率表示时，有

$$\min R_t = \min \left(r_0 + \sum_{j=1}^{m} r_j B_{tj} \right) \qquad (5-3)$$

式中：r_0 为系统与运行方式无关的固有费用，如设备折旧提成费、检修费、劳动工资费、附加费等；r_j 为 j 火电站燃料价格；B_{tj} 为 j 火电站 t 小时耗煤率；m 为火电站数。

2. 约束条件

（1）电力系统功率平衡条件：

$$\sum_{j=1}^{m} P_{t,j} + \sum_{i=1}^{n} P_{t,i} = P_{t,L} + \Delta P_{t,L} (t=1,2,\cdots,T) \qquad (5-4a)$$

$$\sum_{j=1}^{m} G_{t,j} + \sum_{i=1}^{n} G_{t,i} = G_{t,L} + \Delta G_{t,L} (t=1,2,\cdots,T) \qquad (5-4b)$$

式中：$P_{t,j}$、$G_{t,j}$ 分别为第 t 个时段第 j 个火电站输出的有功功率和无功功率；$P_{t,i}$、$G_{t,i}$ 分别为第 t 个时段第 i 个水电站输出的有功功率和无功功率；$P_{t,L}$、$G_{t,L}$ 分别为第 t 个时段电力系统有功功率和无功功率；$\Delta P_{t,L}$、$\Delta G_{t,L}$ 分别为第 t 个时段电力系统有功功率损失和无功功率损失；m 为电力系统中火电站个数；n 为电力系统中水电站个数。

（2）水电站日用水量平衡条件：

$$W_i = \sum_{t=1}^{T} Q_{t,i} \Delta t \quad (i=1, 2, \cdots, n) \qquad (5-5)$$

式中：W_i 为第 i 个水电站规定的日发电用水量；$Q_{t,i}$ 为第 t 个时段第 i 个水电站的发电流量；其余符号意义同前。

（3）其他约束条件。除了必须满足功率平衡、用水量平衡以外，日运行方式所受约束条件还包括设备容量、技术设计参数、技术性能和安全等方面的约束，如水、火电站的最大出力约束、机组运行限制区、水库库容约束、下泄流量约束、水头日变化范围、水利水电枢纽综合利用目标的限制等。

第二节 火电站厂内经济运行

水、火电站日最优运行方式与水、火电站各自的特性及厂内经济运行有关。水电站厂内经济运行已在第四章详细讲述过，这里仅对火电站厂内经济运行进行简要介绍[41]。

与水电站厂内经济运行类似，火电站厂内经济运行的主要内容是在给定负荷下，求火电机组的最优开机组合及各机组所承担的负荷，使火电站总耗煤量最小。其中火电机组的特性曲线是电站经济运行的重要资料，常用的有燃料耗量特性曲线 B-P、燃料耗量微增率特性曲线 $\dfrac{\mathrm{d}B}{\mathrm{d}P}$-$P$ 和单位燃料耗量特性曲线 b-P。

一、火电机组的特性曲线

在火电站中，通常把配套的锅炉、汽轮机和发电机组成的联合体称为机组。机组运行时，燃料被送入锅炉中燃烧，把水加热变成高温高压蒸汽，蒸汽又被引入汽轮机推动汽轮机转子连同发电机转子一起旋转，发出功率为 P 的电能。火电机组的特性曲线是由锅炉的特性曲线和汽轮发电机的特性曲线决定的。

（一）锅炉的经济特性曲线

1. 标准煤和标准蒸汽

火电站锅炉输入燃料，输出蒸汽，单位时间内锅炉消耗的燃料称为锅炉的燃料耗量，单位是 t/h。单位时间内锅炉产生的热能称为锅炉的热力负荷，即锅炉的输出，它等于汽轮机的输入，单位是 J。

因为燃料的品质不同，在实用中采用"标准煤"来计算耗量。每千克标准煤的发热量规定为 29.3×10^6 J（即 7000kcal）。

因为不同锅炉输出蒸汽和压力不同，每吨蒸汽的含热量不同，故应统一折算为"标准蒸汽"量。每千克"标准蒸汽"含热量规定为 26.8×10^5 J（即 640 kcal）。

在经济运行中如无特殊说明，燃料的吨数均指标准煤吨数，蒸汽量的吨数均指标准蒸汽吨数。

2. 锅炉的经济特性曲线

锅炉经济特性曲线即指锅炉的输入输出关系曲线。在经济运行中要用到的曲线主要有锅炉的燃料耗量特性曲线 B-D（D 为蒸汽耗量）和燃料耗量微增率特性曲线 $\dfrac{\mathrm{d}B}{\mathrm{d}D}$-$P$，如图 5-1 所示。

图中耗量微增率表示为

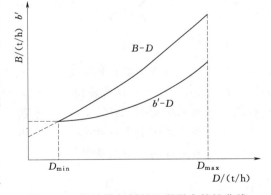

图 5-1　锅炉燃料耗量及微增率特性曲线

$$b' = \frac{\mathrm{d}B}{\mathrm{d}D} \tag{5-6}$$

锅炉燃料耗量微增率的物理意义是增加单位负荷时需增加的燃料耗量。

（二）汽轮发电机组经济特性曲线

汽轮发电机组输入量是蒸汽流量，输出量是电功率。蒸汽（标准蒸汽）用 t/h 表示，发电功率以 MW 表示。汽轮发电机组的主要经济特性用蒸汽耗量曲线 D-P 和蒸汽耗量微

增率特性曲线 $\dfrac{\mathrm{d}D}{\mathrm{d}P} - P$ 表示，如图 5 - 2 所示。

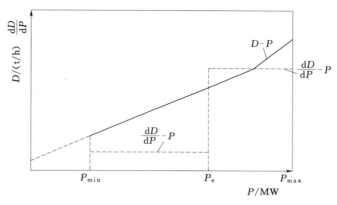

图 5 - 2　汽轮机耗量曲线和微增率曲线

其中，耗量微增率表示为

$$d' = \frac{\mathrm{d}D}{\mathrm{d}P} \tag{5-7}$$

蒸汽耗量微增率的物理意义是增加单位发电功率时需要增加的蒸汽耗量。

一般汽轮发电机的蒸汽耗量特性曲线是两段直线，以经济功率点为折点，低于此点斜率较小，高于此点斜率较大。对应的微增率曲线为台阶状，如图 5 - 2 所示。

（三）火电机组的特性曲线

火电机组的特性主要是由燃料耗量特性曲线 $B\text{-}P$ 和燃料耗量微增率特性曲线 $\dfrac{\mathrm{d}B}{\mathrm{d}P}\text{-}P$ 来表征，它们均可由锅炉和汽轮发电机的特性曲线综合而成。

机组的燃料耗量特性曲线 $B\text{-}P$ 可由锅炉的燃料耗量特性曲线和汽轮发电机组蒸汽耗量特性曲线获得：当已知某一输出功率 P 时，先由汽轮发电机组的蒸汽耗量特性曲线 $D\text{-}P$ 查出对应的蒸汽耗量 D，由此蒸汽耗量 D 再从锅炉的燃料耗量特性曲线 $B\text{-}D$ 上查出相应的燃料耗量 B，这样便可以绘制出机组的燃料耗量特性曲线 $B\text{-}P$。在实际计算中，为了计及不同燃料种类的成本及不同的运输费用，一般采用发电成本来代替燃料耗量，其间只相差一个系数。

机组的燃料耗量微增率特性曲线 $\dfrac{\mathrm{d}B}{\mathrm{d}P}\text{-}P$ 的获得与上述过程相似：先从汽轮发电机组的蒸汽耗量微增率特性曲线 $\dfrac{\mathrm{d}D}{\mathrm{d}P}\text{-}P$ 上，对应机组某一输出功率查得蒸汽耗量微增率 d'，同时从蒸汽耗量特性曲线 $D\text{-}P$ 上查得相应的蒸汽耗量 D，再从锅炉的燃料耗量微增率特性曲线 $\dfrac{\mathrm{d}B}{\mathrm{d}D}\text{-}D$ 上，查得对应 D 点的燃料耗量微增率 b'。机组的燃料耗量微增率是输出功率变化 $\mathrm{d}P$ 引起输入燃料（煤耗）$\mathrm{d}B$ 的变化。所以，机组某点输出功率 P 的燃料耗量微增率为

$$\dot{b} = \frac{\mathrm{d}B}{\mathrm{d}P} = \frac{\mathrm{d}B}{\mathrm{d}D}\frac{\mathrm{d}D}{\mathrm{d}P} = b'd' \tag{5-8}$$

此外，从机组的耗量特性曲线 B-P 上，逐点用 B 除以 P 可以得到单位燃料耗量特性曲线 b-P，即

$$b = \frac{B}{P} \tag{5-9}$$

机组的特性曲线在不同计算中所取的精度不同。在较精确的经济负荷分配和机组经济组合时，往往采用二次 B-P 曲线和线性 b-P 曲线，这时耗量特性曲线（图 5-3）表示为

$$B = aP^2 + bP + c \tag{5-10}$$

式中：a、b、c 为耗量特性参数。

二、火电站厂内经济运行

（一）数学模型

设电站中有 m 台机组共同承担 P_L 的总负荷，第 j 台机组的发电功率为 P_j，其相应的煤耗量为 $B_j(P_j)$，则该电站的经济运行问题可以归结为：在满足功率平衡的约束条件下，求各机组分配的功率值 $P_j(j = 1,2,\cdots,m)$，使得电站总煤耗量最小。其数学模型如下。

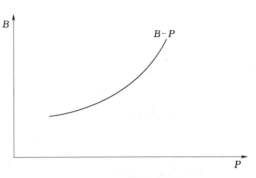

图 5-3　机组耗量特性

1. 目标函数

$$\min\left[\sum_{j=1}^{m} B_j(P_j)\right] \quad (j = 1,2,\cdots,m) \tag{5-11}$$

式中：j 为系统中火电站编号。

2. 约束条件

满足有功功率平衡约束（不计网损）：

$$\sum_{j=1}^{m} P_j = P_L \tag{5-12}$$

发电机输出功率的上、下限约束：

$$P_{j\min} \leqslant P_j \leqslant P_{j\max} \quad (j = 1,2,\cdots,m) \tag{5-13}$$

（二）不计网损时火电站的厂内经济运行——等微增率原则

由上可知，火电站厂内经济运行的问题即为在满足约束条件式（5-12）、式（5-13）时，求目标函数式（5-11）的极小值问题，先略去不等式约束，可用拉格朗日乘子法求解。

设拉格朗日乘子为 λ，可构成拉格朗日函数：

$$J = \sum_{j=1}^{m} B_j(P_j) - \lambda\left(\sum_{j=1}^{m} P_j - P_L\right) \tag{5-14}$$

对式（5-14）求所有 $P_j(j = 1,2,\cdots,m)$ 的导数并令其等于零，有

$$\frac{\mathrm{d}B_1}{\mathrm{d}P_1} = \frac{\mathrm{d}B_2}{\mathrm{d}P_2} = \cdots = \frac{\mathrm{d}B_m}{\mathrm{d}P_m} = \lambda \tag{5-15}$$

这表明，为使火电站的总耗量最小，各机组间必须以相等的耗量微增率运行，此时各机组的负荷 P_j 即为优化分配方案。这就是等微增率原则。

需要指出的是，等耗量微增率原则要求各机组的煤耗特性曲线必须是单调递增的、下凸的，否则将无法进行机组负荷的优化分配。

以上推导没有考虑不等式约束，但在运行中，机组的出力是要受到其最大最小出力限制的，解决的办法可以是：在进行机组间的经济负荷分配时，先不考虑不等式约束，待算出结果后，再按式（5-13）进行校验。如果出现某些机组的出力越出其运行上限或下限，则将这些机组的功率给定在其所越的界限上，然后在其余机组间重新按等微增率准则分配剩余负荷，如果有新的越限则重复上述计算，直至所有机组的出力均在其规定的范围内为止。如图 5-4 所示，机组 3 和机组 4 只能分别按下限 $P_{3\min}$ 和上限 $P_{4\max}$ 分配负荷，机组 1 和 2 需重新按等微增率原则分配剩余的负荷，使 $P_{1k} + P_{2k} = P_L - P_{3\min} - P_{4\max}$ 。

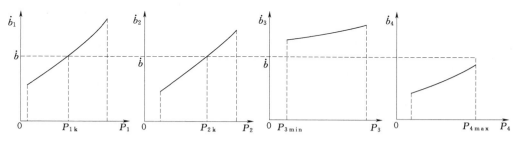

图 5-4　有功功率负荷的最优分配

以上介绍了对有功功率负荷分配的火电站厂内经济运行的计算方法，未考虑网损。当电力系统较小，或当发电机组虽不在同一火电站，但在电气上相距很近时，可以忽略网损，或把网损作为与分配方案无关的常数并入有功功率，然后近似地应用等微增率原则进行电站间的经济运行计算。

第三节　水火电力系统中水电站的短期经济运行

当电力系统由若干水、火电站联合构成时，由于水电站受天然来水和水库库容的限制，水火电力系统协调经济运行问题比单纯火电系统或单纯水电系统的经济运行问题复杂得多。不同类型的水电站短期经济运行问题，具有各自独特的具体性质及相应的数学模型，并且有相应的数学优化算法。为简便分析，本节仅讨论不变水头水电站的水火电力系统短期经济运行问题，且仅考虑有功功率的负荷分配问题。

当水电站的上游水库很大，下游河床很宽，在一昼夜内可以认为上下游水位不变时，或者当水电站的水头很高，出力受水头变化的影响较小时，就可以假定水库的水头为一常数，即在短期经济运行中可以不考虑水头变化的影响。这种类型的水电站称为不变水头水电站，仅考虑此类水电站的水火电短期经济运行问题即为不变水头水电站的短期经济运行问题。

一、不计网损时不变水头水电站的水火电短期经济运行

（一）不计网损时不变水头水电站的水火电短期经济运行的数学模型

假定系统中有 m 个火电站，n 个不变水头水电站，且电力系统日负荷曲线、火电机组组合计划、各水电站的日发电用水量均分别由日负荷预报、机组经济组合及水库长期调度

计划程序给定，则水火电力系统中不变水头水电站的短期经济运行的数学模型如下。

1. 目标函数

采用电力系统日运行的总耗煤量最小为目标函数，则可用式（5-16）表示，即

$$\min \sum_{t=1}^{T} \sum_{j=1}^{m} B_j \Delta t \tag{5-16}$$

2. 等式约束条件

（1）电力系统功率平衡条件：当不考虑无功功率平衡、不计网损时，可表示为

$$\sum_{j=1}^{m} P_{t,j} + \sum_{i=1}^{n} P_{t,i} = P_{t,L} (t = 1, 2, \cdots, T) \tag{5-17}$$

（2）水电站的水量平衡条件：

$$W_i = \sum_{i=1}^{T} Q_{t,i} \cdot \Delta t \ (i = 1, 2, \cdots, n) \tag{5-18}$$

3. 不等式约束条件

（1）火电站输出功率限制

$$P_{t,jmin} \leqslant P_{t,j} \leqslant P_{t,jmax} \ (j=1, 2, \cdots, m; \ t=1, 2, \cdots, T) \tag{5-19}$$

（2）水电站输出功率限制

$$P_{t,imin} \leqslant P_{t,i} \leqslant P_{t,imax} \ (i=1, 2, \cdots, n; \ t=1, 2, \cdots, T) \tag{5-20}$$

（3）水电站发电用水量限制

$$Q_{imin} \leqslant Q_{t,i} \leqslant Q_{imax} \ (i=1, 2, \cdots, n; \ t=1, 2, \cdots, T) \tag{5-21}$$

（二）不计网损时不变水头水电站的水火电短期经济运行的等耗量微增率准则

假设忽略不等式约束条件式（5-19）～式（5-21），对目标式（5-16）分别引入各时段的功率平衡条件拉格朗日乘子 λ_t 和各水电站日用水量平衡条件乘子 γ_i，构造如下的拉格朗日函数：

$$J = \sum_{t=1}^{T} \sum_{j=1}^{m} B_{t,j}(P_{t,j}) + \sum_{t=1}^{T} \lambda_t \left(\sum_{i=1}^{n} P_{t,i} + \sum_{j=1}^{m} P_{t,j} - P_{t,L} \right) + \sum_{i=1}^{n} \gamma_i \left(\sum_{i=1}^{T} Q_{t,i} \Delta t - W_i \right) \tag{5-22}$$

式（5-21）取极小值的必要条件是：

$$\frac{\mathrm{d}B_{t,j}}{\mathrm{d}P_{t,j}} = \lambda_t \quad (j = 1, 2, \cdots, m) \tag{5-23}$$

$$\gamma_i \frac{\mathrm{d}Q_{i,j}}{\mathrm{d}Q_{i,j}} = \lambda_t \quad (i = 1, 2, \cdots, n) \tag{5-24}$$

$$\sum_{i=1}^{n} P_{t,i} + \sum_{j=1}^{m} P_{t,j} - P_{t,L} = 0 \quad (t = 1, 2, \cdots, T) \tag{5-25}$$

$$\sum_{i=1}^{T} Q_{t,i} \Delta t - W_i = 0 \quad (i = 1, 2, \cdots, n) \tag{5-26}$$

式（5-25）和式（5-26）显然就是等式约束条件式（5-17）和式（5-18），而式（5-23）和式（5-24）则为在第 t 个时段内最优分配负荷的条件。将这两式合并，可得

$$\frac{dB_{t,1}}{dP_{t,1}} = \frac{dB_{t,2}}{dP_{t,2}} = \cdots = \frac{dB_{t,m}}{dP_{t,m}} = \gamma_1 \frac{dQ_{t,1}}{dP_{t,1}} = \gamma_2 \frac{dQ_{t,2}}{dP_{t,2}} = \cdots = \gamma_n \frac{dQ_{t,n}}{dP_{t,n}} = \lambda \quad (t = 1, 2, \cdots, T)$$

$$(5-27)$$

考虑到水火电站之间最优分配负荷的条件，严格说，是对某一瞬间而言的；这里，如果时间取得足够短，式（5-27）也可表示为某一瞬间水火电站之间最优分配负荷的条件，因而可将式中的下标 t 略去，而将其改写为

$$\frac{dB_1}{dP_1} = \frac{dB_2}{dP_2} = \cdots = \frac{dB_m}{dP_m} = \gamma_1 \frac{dQ_1}{dP_1} = \gamma_2 \frac{dQ_2}{dP_2} = \cdots = \gamma_n \frac{dQ_n}{dP_n} = \lambda \quad (5-28)$$

这就是不变水头水电站的水火电站之间经济分配的等耗量微增率准则，表明只要将水电站的用水流量微增率乘以某一个特定的拉格朗日乘子 γ_i，水火电站之间就可按照相等的耗量微增率进行有功负荷的最优分配。

（三）γ 的物理意义

当 γ_i 被确定后，由式（5-28）知，第 i 个水电站的 $\gamma_i Q_i$ 可作为相当于火电站的煤耗特性来考虑。由此，γ_i 乘子是具有一定物理含义的。

事实上，如果每个水电站的负荷变化引起火电站在绝对值上相等的负荷变化，则由式（5-28）得

$$\gamma_i = \frac{dB_i / dP_i}{dQ_i / dP_i} = \frac{dB_i}{dQ_i} \quad (5-29)$$

这样，γ_i 则为水电站变化单位用水量时火电站煤耗的变化量，即当 $dQ_i = 1$ 时，$\gamma_i = dB_i$。

换句话说，γ 的物理意义是：水电站单位用水量所代替的煤量，它代表用于发电所耗水量的价值。

γ 值的大小取决于两个因素：一个是水电站的工作水头，工作水头高，单位水量发出的电能多，代替的煤量多，水的价值高，γ 值大；另一个因素是规定的日用水量 W 的大小，W 小时，水电站只能承担系统峰荷，单位水量就可以代替较多的煤量，水的价值高，γ 值大。随着发电用水量的变化，水电站在系统中承担峰荷的位置逐渐下移，单位水量代替的煤量较少，水的价值降低，γ 值变小。

应用等耗量微增率准则计算不变水头水电站的水火电经济分配时，应适当选取 γ 的数值。丰水期给定水量较多，水电站可以多带负荷，γ 应取较小值，此时用水流量微增率就较大；反之，在枯水期给定用水量较少，水电站应少带负荷，γ 应取较大值，此时的用水流量微增率较小。γ 的取值应使给定用水量在运行期正好用完。

具体的计算步骤如下。

（1）给定初值 $\gamma^{(0)}$。

（2）求与 $\gamma^{(0)}$ 对应的、各个不同时刻的有功功率负荷最优分配方案。

（3）计算与分配方案对应的耗水量 $W^{(0)}$，并判断是否满足 $W^{(0)} = W$。

（4）若不满足，当 $W^{(0)} > W$ 时，取 $\gamma^{(1)} > \gamma^{(0)}$；当 $W^{(0)} < W$ 时，取 $\gamma^{(1)} < \gamma^{(0)}$，自步骤（2）重新计算。

（5）循环计算，直至满足 $W^{(k)} = W$ 为止。

（四）例题

【例 5 - 1】　某电力系统有一个火电站和不变水头水电站并联运行，其耗量特性分别为

$$B_1 = 4 + 0.3P_1 + 0.0003P_1^2$$

$$Q_2 = 0.5P_2 + 0.001P_2^2$$

设水电站给定日用水量为 $W = 10^7 \text{m}^3$；系统的日负荷曲线如图 5 - 5 所示。火电站容量 700MW，水电站容量 400 MW，试确定水、火电站的经济负荷分配。

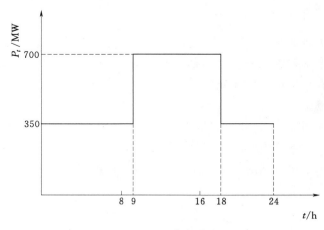

图 5 - 5　日负荷曲线

解：根据等耗量微增率准则，由水、火电耗量特性可得

$$0.3 + 0.0006P_1 = \gamma(0.5 + 0.002P_2)$$

对于每一时段，均有

$$P_1 + P_2 = P_L$$

由上面两方程得

$$P_2 = \frac{0.3 - 0.5\gamma + 0.0006P_L}{0.0006 + 0.002\gamma}$$

$$P_1 = P_L - P_2$$

取 $\gamma = 0.60$，可得

从下午 18 时至次日上午 9 时，共 15h（$P_L = 350\text{MW}$）：

$$P_{1,1}^{(0)} = 233.3 \text{ MW}, \quad P_{2,1}^{(0)} = 116.7 \text{ MW}$$

从上午 9 时至下午 18 时，共 9h（$P_L = 700\text{MW}$）：

$$P_{1,2}^{(0)} = 466.7 \text{ MW}, \quad P_{2,2}^{(0)} = 233.3 \text{ MW}$$

水电站的全日耗水量为

$$W^{(0)} = Q_{2,1}^{(0)} \times 15 \times 3600 + Q_{2,2}^{(0)} \times 9 \times 3600$$

$$= (0.5 \times 116.7 + 0.001 \times 116.7^2) \times 15 \times 3600$$

$$+ (0.5 \times 233.3 + 0.001 \times 233.3^2) \times 9 \times 3600$$

$$= 0.9429 \times 10^7 \text{m}^3$$

可见，$\gamma = 0.60$ 过大，以致水电站分担负荷过小，不能耗尽应消耗的水量。

另取 $\gamma = 0.54$，重复如上计算，可得 $W^{(1)} = 1.1626 \times 10^7 \text{m}^3$，显然 $\gamma = 0.54$ 取值又过小。

重复上述计算，直至求得的 W 接近 $10^7 \mathrm{m}^3$。计算结果见表 5-1，以上计算用电算编程极易实现。

表 5-1 　　　　　　　　　　　　负 荷 经 济 分 配 方 案

γ	$P_{1,1}/\mathrm{MW}$	$P_{2,1}/\mathrm{MW}$	$Q_{2,1}/\mathrm{m}^3$	$P_{1,2}/\mathrm{MW}$	$P_{2,2}/\mathrm{MW}$	$Q_{2,2}/\mathrm{m}^3$	W/m^3
0.60	233.3	116.7	71.97	466.7	233.3	171.08	0.9429×10^7
0.54	207.1	142.9	91.87	432.1	267.9	205.72	1.1626×10^7
0.5844	226.9	123.1	76.70	458.1	241.9	179.47	0.9566×10^7
0.5829	226.3	123.7	77.15	457.3	242.7	180.05	1.0006×10^7
0.5832	226.4	123.6	77.08	457.5	242.5	180.05	0.9996×10^7

二、计及网损时不变水头水电站的水火电短期经济运行

（一）计及网损时不变水头水电站的水火电短期经济运行的协调方程式

以上分析都是在不计网损的前提下进行的。当网络损耗较大，例如系统中有长距离重载线路时，就应计及网损对负荷分配的影响。原则上，计及网损的影响并不困难，因为只要在等式约束条件——功率平衡关系式中增加一项网络总网损 ΔP_L［式（5-4a）］，但具体计算时，工作量却很大。以下就直接从式（5-22）所示的较完整的拉格朗日函数开始，讨论计及网损时水火电之间的经济分配问题。计及网损时，式（5-22）应改写为

$$J = \sum_{t=1}^{T}\sum_{j=1}^{m} B_{t,j}(P_{t,j}) + \sum_{t=1}^{T}\lambda_t\left(\sum_{i=1}^{n} P_{t,i} + \sum_{j=1}^{m} P_{t,j} - P_{t,L} - \Delta P_{t,L}\right)$$
$$+ \sum_{i=1}^{n}\gamma_i\left(\sum_{i=1}^{T} Q_{t,i}\cdot\Delta t - W_i\right) \tag{5-30}$$

式（5-30）取极小值的必要条件是对各变量 $P_{t,j}$、$P_{t,i}$、λ_t、γ_i 的导数等于零，由此可得

$$\frac{\mathrm{d}B_{t,j}}{\mathrm{d}P_{t,j}} = \lambda_t\left(1 - \frac{\partial\Delta P_{t,L}}{\partial P_{t,j}}\right)\ (j=1,\ 2,\ \cdots,\ m;\ t=1,\ 2,\ \cdots,\ T) \tag{5-31}$$

$$\gamma_i\frac{\mathrm{d}Q_{t,i}}{\mathrm{d}P_{t,i}} = \lambda_t\left(1 - \frac{\partial\Delta P_{t,L}}{\partial P_{t,i}}\right)\ (i=1,\ 2,\ \cdots,\ n;\ t=1,\ 2,\ \cdots,\ T) \tag{5-32}$$

$$\sum_{i=1}^{T} Q_{t,i}\cdot\Delta t - W_i = 0\ (i=1,2,\cdots,n)\ (i=1,2,\cdots,n) \tag{5-33}$$

$$\sum_{i=1}^{n} P_{t,i} + \sum_{j=1}^{m} P_{t,j} - P_{t,L} - \Delta P_{t,L} = 0\ (t=1,2,\cdots,T) \tag{5-34}$$

式（5-33）和式（5-34）显然仍是原始的等式约束条件，而式（5-31）和式（5-32）则为在第 t 个时段内最优分配负荷的条件。将这两式合并，同时将式中的下标 t 略去，可得

$$\frac{\mathrm{d}B_j}{\mathrm{d}P_j}\frac{1}{(1-\partial\Delta P_L/\partial P_j)} = \gamma_i\frac{\mathrm{d}Q_i}{\mathrm{d}P_i}\frac{1}{(1-\partial\Delta P_L/\partial P_j)} = \lambda$$
$$(i=1,2,\cdots,n;j=1,2,\cdots,m) \tag{5-35}$$

式（5-35）即为计及网损时不变水头水电站的水火电短期经济运行的协调方程式。

式（5-35）中，$\partial\Delta P_L/\partial P_j$ 称为第 j 台机组（或第 j 个电站）的网损微增率。它可近

似地表示当第 j 个电站的出力变化 ΔP_j（其他电站的出力保持不变）时引起的网损增量 ΔP_L 与 ΔP_j 的比值。$\dfrac{1}{1-\partial\Delta P_L/\partial P_j}$ 称为机组（或电站）j 的网损修正系数，它表示在计及网损时机组 j 微增率的修正系数，经修正后再按等微增率原则分配负荷。

网损微增率通常是很小的，所以网损修正系数接近于 1；网损微增率可以为正，也可以为负，从而网损修正系数可大于 1 或小于 1。考虑网损后，各电站的耗量微增率并不相等，而经过网损微增率修正后，从电网的某一等值负荷点来看的耗量微增率是相等的。

（二）协调方程式的意义

一般来说，远离负荷中心的电站网损微增率大，但由于靠近燃料产地，机组的经济特性较好；靠近负荷中心的电站，网损微增率小，但机组的经济特性较差。经过网损修正后。系统中网损微增率高的电站出力受到抑制，而网损微增率低的电站将增加出力，这样会由于降低网损而节约燃料。但如果片面强调降低网损，则可能使远离负荷中心的电站减少出力，靠近负荷中心的电站增加出力。若过多地减少经济电站的出力而增加不经济电站的出力，则燃料费用的增加会大于因降低网损而减少的燃料费用。

协调方程式（5-35）的意义就在于，它能够协调发电站的经济特性和电网的传输特性，使其达到适当的配合程度，从而使水火电力系统总的燃料费用最小。

实际上，当考虑系统无功功率及水电站上、下游水位变动引起的水头变化等因素时，也可通过增加相应的微增率修正量，来构建广义协调方程，进行负荷的最优分配。

三、水火电短期经济运行的动态规划法

以上介绍了采用协调方程（或等微增率法）求解水火电站短期经济运行的方法。由于该方法要求微增率曲线为光滑的凸函数，故当微增率曲线非凸或不连续时，可用动态规划法求解[42]。为方便说明，故以一个水电站和一个火电站构成的电力系统为例。当不计网损、按不变水头水电站考虑时，由式（5-16）～式（5-21）可得其数学模型为

$$\text{obj.}\quad \min\sum_{t=1}^{T}B_{t,h}\Delta t \tag{5-36}$$

$$\text{s. t.}\quad P_{t,h}+P_{t,s}=P_{t,L} \tag{5-37}$$

$$W_s=\sum_{t=1}^{T}Q_{t,s}\cdot\Delta t \tag{5-38}$$

$$P_{t,h\min}\leqslant P_{t,h}\leqslant P_{t,h\max} \tag{5-39}$$

$$P_{t,s\min}\leqslant P_{t,s}\leqslant P_{t,s\max} \tag{5-40}$$

$$Q_{s\min}\leqslant Q_{t,s}\leqslant Q_{s\max} \tag{5-41}$$

式中：下标 h 表示火电站；下标 s 表示水电站；其余符号意义同前。

由式（5-37）可得 $P_{t,h}=P_{t,L}-P_{t,s}$，又由燃料耗量特性曲线 B-P 及水电站出力公式，可知 $B_{t,h}=f_t(P_{t,L}-P_{t,s})=f_t(Q_{t,s})$，于是目标式（5-36）可改写为

$$\min\sum_{i=1}^{T}f_t(Q_{t,s}) \tag{5-42}$$

于是由目标式（5-42）、约束条件式（5-37）～式（5-41）组成新的水电站经济运行模型。该模型用常规动态规划法就可求解。

水、火电站联合经济运行是水电站短期经济运行的一个重要内容，是联系水电站长期

经济运行和厂内经济运行的桥梁，需要考虑的约束条件众多，且因具体问题不同而不同，当系统中具有梯级水电站并需要考虑时滞和航运等因素时，问题将变得十分复杂。本章仅在考虑有功功率、水电站水头无变化的情况下对水火电系统的联合经济运行问题进行了简单的介绍，至于更深入的研究，有兴趣的读者可参阅相关书籍。

第四节　短期经济运行实时控制简介

电力系统短期经济运行的日负荷分配以系统日负荷曲线作为依据，但由于负荷预报误差、电力系统中用电设备的启停、发电设备偶然事故等原因，使实际负荷不断变化，偏离计划负荷。当实际负荷高于计划负荷时，会出现发电功率不足，系统频率下降；当实际负荷低于计划负荷时，则发电功率过剩，系统频率升高。负荷变动一般可以分成三种不同的分量：第一种是频率较高的随机分量，变化周期一般小于 10s，因其时间平均值为 0，故对负荷分配和系统调频不起作用，为避免其对调速器正常工作产生干扰，控制系统采用积分环节滤波予以消除；第二种是变化很缓慢的持续分量，可列入计划负荷，并在水、火电机组间进行最优分配；第三种是计划之外的脉动变化分量，变化幅度较大，变化周期在 10s～3min 之间，造成系统功率失衡导致频率的变化。由于电力系统本身是一个惯性系统，所以对频率变化起主要影响的是负荷变动的第二、第三种分量。为了保证电力系统的安全稳定运行，使频率波动保持在正常范围内，必须对其进行调节控制。

实施频率控制，在调频机组间分配调频功率，维持系统功率平衡，进行机组间经济调度控制，实现系统经济运行，被通称为自动发电量控制（Automatic Generation Control，AGC），它是电力能源管理系统（Energy Management System，EMS）的重要功能之一，其基本任务可分为以下 3 项。

（1）系统频率控制（Automatic Frequency Control，AFC）：其功能是在正常稳定运行状态下，满足电能质量指标要求，维持系统频率为额定值，允许频率偏差 $\Delta f = \pm 0.05\sim0.2\,\mathrm{Hz}$。

（2）联合自动调频控制（Tie-Line Load Frequency Bias Control，TBC）：其功能是满足联合电力系统中各地区电网有功功率的就地平衡要求。控制地区电网间联络线交换功率与协议规定值相等，消除频率偏差使 $\Delta f = 0$，消除交换功率偏差使 $\Delta P = 0$。

（3）发电量经济调度控制（Economic Dispatching Control，EDC）：其功能是在满足系统安全运行的条件下，实施机组间经济调度控制，使经济效益最大化。

应当指出，在进行有功功率和频率调整之前，必须解决调频电站和调频机组的选择、调频容量（负荷备用容量）的设置问题。一般来说，系统调频容量为系统最大负荷的 8%～10%。从调频容量和调整速度两个基本要求出发，若系统中有具备一定调节性的水电站时，应选水电站作为调频电站；若无水电站或水电站不宜作为调频电站时（如径流式电站，或在洪水期以全部出力工作的水电站），则应以中温中压火电站作为调频电站。在一个电力系统中，若一个调频电站的调整容量不够时，则可选几个调频电站，但同时要规定它们各自的调频范围和工作次序。

本　章　小　结

　　本章主要讨论了水电站短期经济运行的理论与方法，阐述了水、火电站日负荷最优分配的问题，建立了解决该问题的数学模型，简要介绍了火电站厂内经济运行的理论与方法，接着运用动态规划法分别求解水火电力系统不计网损和计及网损时不变水头水电站的水火电短期经济运行问题，使读者进一步了解动态规划法在电力系统经济运行中的应用，最后扼要介绍了短期经济运行实时控制的相关概念，有兴趣的读者可参阅相关文献。

思　考　题

　　1. 常用的火电机组特性曲线有哪些？是如何确定的？

　　2. 写出电力系统不变水头水电站的水、火电短期经济运行的数学模型。

　　3. 什么是等微增率原则，怎样理解"水煤当量"？（试以不计网损时不变水头水电站的水火电短期经济运行说明之）

　　4. 什么是水火电短期经济运行的协调方程式？它有何意义？

　　5. 两台火电机组的微增率曲线分别为

$$b_1 = 0.020P_1 + 4.0$$
$$b_2 = 0.024P_2 + 3.2$$

运行范围单机限定在 20～125MW 之间。试求共同承担总负荷 50～250MW 时，两台机组如何分配发电出力？

　　6. 什么叫 AGC？它的基本任务有哪些？

第六章　水库水资源系统的不确定型模型

径流资料是水库调度的基本资料，特别是对优化调度而言，径流资料的准确性将直接影响优化调度的效益，径流的描述方式则决定着水库优化调度的数学模型。前面章节的优化调度均是基于对径流的确定性描述（即来水已知），其对应的数学模型为确定型模型，而对应于径流的随机性描述，有随机性数学模型，对应于径流的模糊描述，有模糊数学模型。

由于目前对短期径流预报的准确度一般较高，而对中长期径流预报的误差较大，所以一般的确定型数学模型不再适用于现有的水库运行的实际情况，故不确定型数学模型常用于水库的中长期优化调度中。

第一节　模糊决策数学模型

水库优化调度的随机性数学模型实际上没有考虑预报，它认为未来各种流量均有出现的可能，不过其出现的概率不同，因而可从多年平均情况考虑，根据总出力期望值最大来确定运行方式。但这样调度对某一年而言，往往并不是最优的。

目前，虽然许多水文、气象部门从事水情预报研究，且精度也逐步有所提高，但长期预报仍然不够精确，基本上还处于定性阶段。例如，只能预报当年来水量是平水年或偏丰、偏枯年等，还不能提供严格的定量过程。这种定性预报提供的是一种模糊信息，它在传统优化调度方法中是难以利用的。除此之外，还有某些运行决策（例如"水多时争取多发电""水不足时灌溉用水可适当减少""丰水期尽量少弃水"等）也具有模糊性的特征。为了更好地利用这些模糊信息，模糊数学决策模型被应用到水库优化调度中。

模糊数学决策模型即是将模糊数学的理论运用到数学建模方法中去，以求建立更符合实际情况和更实用的数学模型，用以解决实际问题[43]。模糊数学的基本理论是由美国控制论专家 L. A. 查德（L. A. Zadeh）于 1965 年提出的，40 年来发展相当迅速，研究十分活跃，至今已在许多领域得到应用。1980 年我国气象部门首先使用模糊数学来预报降雨量，1983 年水利部门开始用模糊数学研究水库调度方面的问题。

一、模糊数学的基本概念

（一）经典集合

1. 集合及其表示

集合是现代数学的一个基础概念。具有某种特定性质的具体或抽象的对象汇总成的集体称为集合，简称为集，为了区别于模糊集合。集合内的每个对象称为集合的元素，常用小写英文字母 a，b，c，…表示。若 a 是集合 A 的元素，则称 a 属于 A，记为 $a \in A$；若 a 不是集合 A 的元素，则称 a 不属于 A，记为 $a \notin A$。

不含任何元素的集合称为空集，记为 Ø。

只含有限个元素的集合，称为有限集，有限集所含元素的个数称为集合的基数。包含无限个元素的集合，称为无限集。以集合作为元素所组成的集合称为集合族。所谓论域是指所论及对象的全体，它也是一个集合，称为全集，常用大写英文字母 X，Y，U，V 等表示。

集合的表示法主要有两种：

（1）列举法。列举法就是将集合的元素逐一列举出来的方式。例如由 20 以内的质数组成的集合可表示为

$$A = \{2，3，5，7，11，13，17，19\}$$

自然数集可表示为

$$N = \{0，1，2，3，\cdots\}$$

（2）描述法。设集合 S 是由具有某种性质 P 的元素全体所构成的，则可以采用描述集合中元素公共属性的方法来表示集合：$S = \{x \mid P(x)\}$

例如，由 2 的平方根组成的集合 B 可表示为 $B = \{x \mid x^2 = 2\}$；而有理数 Q 和正实数集 R^+ 则可以分别表示为 $Q = \left\{ x \mid x = \dfrac{q}{p}, p \in N^+, q \in Z \right\}$ 和 $\{x \mid x \in R, x > 0\}$。

经典集合具有两条最基本的属性：元素彼此相异，范围边界分明。一个元素 x 与集合 A 的关系是，要么 x 属于 A，要么 x 不属于 A，二者必居其一。

例如，设论域 $U = \{$某班学生$\}$，把某班男生组成的集合记为 A，即 $A = \{$男生$\}$。那么，这个班的每个学生之间彼此不相同，而且可以判明每个学生是否属于 A。如果以某班"高个子"学生为元素，就不能组成一个经典集合，因为"高个子"无分明界限，具有模糊性。

2. 集合的包含

集合的包含概念是集合之间的一种重要关系。

定义 1　设有集合 A 和 B，若集合 A 的每个集合都属于集合 B，即 $x \in A \Rightarrow x \in B$，则称 A 是 B 的子集，记为 $A \subseteq B$ 或 $B \supseteq A$，读作"A 包含于 B"或"B 包含 A"。

显然 $A \subseteq A$。空集 Ø 是任何集合 A 的子集，即 Ø $\subseteq A$。若 $A \subseteq B$，$B \subseteq C$，则 $A \subseteq C$。

定义 2　设有集合 A 和 B，若 $A \subseteq B$ 且 $B \subseteq A$，则集合 A 与 B 相等，记为 $A = B$。

定义 3　设有集合 U，对于任意集合 A，总有 $A \subseteq U$，则称 U 为全集，而整数集对于偶数集、奇数集而言是全集。

定义 4　设有集合 A，A 的所有子集所组成的集合，称为集合 A 的幂集，记为 $\tau(A)$，即：$\tau(A) = \{B \mid B \subseteq A\}$。

3. 集合的运算

定义 5　设 A，$B \in \tau(U)$，U 是论域，规定：

$A \bigcup B \overset{\text{def}}{=\!=\!=} \{x \mid x \in A \text{ 或 } x \in B\}$，称为 A 与 B 的并集；

$A \bigcap B \overset{\text{def}}{=\!=\!=} \{x \mid x \in A \text{ 且 } x \in B\}$，称为 A 与 B 的交集；

$A^c \overset{\text{def}}{=\!=\!=} \{x \mid x \in U \text{ 且 } x \notin A\}$，称 A^c 为 A 的余集。

4. 集合运算的性质

定理 1 设 A，B，$C \in \tau(U)$，U 是论域，则有：

等幂律 $A \bigcup A = A$，$A \bigcap A = A$；

交换律 $A \bigcup B = B \bigcup A$，$A \bigcap B = B \bigcap A$；

结合律 $(A \bigcup B) \bigcup C = A \bigcup (B \bigcup C)$，$(A \bigcap B) \bigcap C = A \bigcap (B \bigcap C)$；

吸收率 $A \bigcup (A \bigcup B) = A$，$A \bigcap (A \bigcup B) = A$；

分配率 $(A \bigcup B) \bigcap C = (A \bigcap C) \bigcup (B \bigcap C)$；

$(A \bigcap B) \bigcup C = (A \bigcup C) \bigcap (B \bigcup C)$；

零一律 $A \bigcup U = U$，$A \bigcap U = A$，$A \bigcap \phi = A$，$A \bigcup \phi = \phi$；

还原律 $(A^c)^c = A$；

对偶律 $(A \bigcup B)^c = A^c \bigcap B^c$，$(A \bigcap B)^c = A^c \bigcap B^c$；

排中律 $A \bigcup A^c = U$，$A \bigcap A^c = \phi$。

这些性质均可由集合的并、交、余的定义直接推出。上述两个集合的并、交运算可推广到任意多个集合的并、交运算。

5. 集合的直积

在日常生活中，有许多事物是成对出现的，且具有一定的顺序，例如上、下、左、右，平面上点的坐标等。任意两个元素 x 与 y 配成一个有序的对 (x, y)，称为 x 与 y 的有序对。有序是指当 $x \neq y$ 时：

$$(x,y) \neq (y,x), (x,y) = (x',y') \Leftrightarrow x = x', y = y'$$

定义 6 设 X，Y 是两个集合，用 X 中的元素为第一元素，Y 中的元素为第二元素，构成的全体有序对组成的集合，称为 X 与 Y 的直积（笛卡儿积），记为 $X \times Y$，即

$$X \times Y = \{(x,y) \mid x \in X, y \in Y\}$$

例如，$X = \{a,b\}$，$Y = \{0,1,2\}$，则

$$X \times Y = \{\langle a,0\rangle, \langle a,1\rangle, \langle a,2\rangle, \langle b,0\rangle, \langle b,1\rangle, \langle b,2\rangle\}$$
$$Y \times X = \{\langle 0,a\rangle, \langle 0,b\rangle, \langle 1,a\rangle, \langle 1,b\rangle, \langle 2,a\rangle, \langle 2,b\rangle\}$$

（二）映射与扩张

1. 映射

定义 7 设 X 与 Y 是两个非空集，如果存在一个对应法则 f，使得对于任一元素 $x \in X$，都有唯一元素 $y \in Y$ 与之对应，则称 f 是从 X 到 Y 的映射，记为 $f: X \to Y$，或 $x \to f(x) = y \in Y$

其中，y 称为元素 x 在映射 f 下的像，x 称为 y 关于映射 f 的原像。

集 X 称为映射 f 的定义域，记为 $D(f)$。集 $f(X) = \{f(x) \mid x \in X\}$，称为映射 f 的值域，记为 $R(f)$。一般地，$f(X) \subseteq Y$。若 $f(X) = Y$，则称 f 是从 X 到 Y 上的映射或从 X 到 Y 的满映射。

映射概念是函数概念的推广。微积分中，定义在区间 $[a,b] \subseteq R$ 上的一元函数 $f(x)$，就是从 $[a, b]$ 到 R 的映射，即

$$f:[a,b] \to R$$
$$x \to f(x) = y$$

定义 8   如果映射 $f: X \rightarrow Y$，对于 $\forall_{x_1, x_2} \in X$，当 $x_1 \neq x_2$ 时，$f(x_1) \neq f(x_2)$ 成立，则称 f 是从 X 到 Y 的 $1-1$ 映射。如果 $f: X \rightarrow Y$ 是 $1-1$ 的满映射，则称 f 为从 X 到 Y 的 $1-1$ 对应。

【例 6-1】   设映射 $f: R \rightarrow R, f(x) = \sin x$，则 f 不是 R 到 R 的满映射，而是 R 到区间 $[-1, 1]$ 的满映射。

【例 6-2】   设 $C[a, b]$ 是定义在 $[a, b]$ 上的实连续函数集。定义 $C[a, b]$ 到 R 上的一个映射

$$f: \varphi(x) \rightarrow \int_a^b \varphi(x) dx, \quad \varphi(x) \in C[a, b]$$

这是一个满映射，但不是 $1-1$ 映射。

【例 6-3】   设 $X = \{a, b, c, d\}, Y = \{1, 2, 3, 4\}$，$f$ 是从 X 到 Y 的映射，$f = \{(a, 1), (b, 3), (c, 4), (d, 2)\}$，则 f 是满映射，又是 $1-1$ 映射，所以 f 是 $1-1$ 对应。

2. 集合的特征函数

定义 9   设 $A \in \tau(U), U$ 是论域，具有如下性质的映射：

$$\chi_A: U \rightarrow \{0, 1\}$$

$$x \rightarrow \chi_A(x) = \begin{cases} 1, x \in A \\ 0, x \notin A \end{cases}$$

$\chi_A(x)$ 称为集合 A 的特征函数。

由定义 9 可知，集合 A 由特征函数 $\chi_A(x)$ 唯一确定。例如，论域 U 为实数集，则集合

$$A = \{x \| x \| \leqslant 1\}$$

的特征函数为

$$\chi_A(x) = \begin{cases} 1, & |x| \leqslant 1 \\ 0, & |x| > 1 \end{cases}$$

有兴趣的读者可以自己画出此特征函数的图形。

由此看出，特征函数与集合是互相对应的，是一个事物从不同角度给出的描述。下面是特征函数与集合之间的几个基本关系：

$$A = U \Leftrightarrow \chi_A(x) = 1, A = \phi \Leftrightarrow \chi_A(x) = 0$$

$$A \subseteq B \in \tau(U) \Leftrightarrow \chi_A(x) \leqslant \chi_B(x)$$

$$A = B \in \tau(U) \Leftrightarrow \chi_A(x) = \chi_B(x)$$

上述基本关系表明，U 的任一子集 A 完全由它的特征函数确定。

特征函数还具有下列运算性质：

$$\chi_{A \cup B}(x) = \chi_A(x) \vee \chi_B(x), \quad \chi_{A \cap B}(x) = \chi_A(x) \wedge \chi_B(x)$$

$$\chi_A^C(x) = 1 - \chi_A(x)$$

此处 " $\vee$ "、" $\wedge$ " 分别是取大、取小运算，即

$$a \vee b = \max(a, b), \quad a \wedge b = \min(a, b)$$

上述性质表明，应用特征函数同样可以方便地讨论集合间的关系和运算。

3. 映射的扩张

上述映射概念实际上是把点 x 映射为点 $y = f(x)$，但在实际中往往需要将点映射到

集中。

定义 10　设 $f:X \to Y, x \to f(x)$ 则称映射

$$f:X \to \tau(Y)$$
$$x \to f(x) = B \in \tau(Y)$$

为 X 到 Y 的点—集映射。

定义 11　设 $T:X \to Y, x \to f(x)$，则称映射

$$T:\tau(X) \to \tau(Y)$$
$$A \to T(A)$$

为 X 到 Y 的集合变换。

【例 6-4】　设 $X = \{a,b\}, Y = \{1,2,3\}$，则 $\tau(X) = \{\phi, X\{a\}, \{b\}\}$，$\tau(Y) = \{\phi, Y, \{1\}, \{2\}, \{3\}, \{1,2\}, \{1,3\}, \{2,3\}\}$。

令 $f:X \to \tau(Y), a \to \{1\}, b \to \{2,3\}$

$T:\tau(X) \to \tau(Y), \phi \to \phi, \{a\} \to \{1,2\}, \{b\} \to \{1\}, X \to Y$

则 f 是 X 到 Y 的点—集映射，而 T 是 X 到 Y 的集合变换。

定义 12（经典扩张原理） 设映射 $f:X \to Y, x \to f(x) = y, \forall A \in \tau(X)$，令

$$f(A) = \{y \in Y | y = f(x), x \in A\}$$

则集合 $f(A) \in \tau(Y)$ 称为集 A 在 f 下的像；$\forall B \in \tau(Y)$，令

$$f^{-1}(B) = \{x \in X \mid f(x) \in B\}$$

则集合 $f^{-1}(B) \in \tau(X)$ 称为集 B 在 f 下的原像。

于是，映射 $f:X \to Y, x \to f(x) = y$ 诱导出映射

$$f:\tau(X) \to \tau(Y)$$
$$A \to f(A) \in \tau(Y)$$
$$f^{-1}:\tau(Y) \to \tau(X)$$
$$B \to f^{-1}(B) \in \tau(X)$$

其特征函数分别为

$$\chi_{f(A)}(y) = \bigvee_{f(x)=y} \chi_A(x), \chi_{f^{-1}(B)}(x) = \chi_B[f(x)]$$

这就是扩张原理，它实际上是一个定义。

【例 6-5】　设 $X = \{1,2\}, Y = \{1,3,4\}$，映射 $f:X \to Y$ 定义为 $f(x) = x^2$，则

$$\tau(X) = \{\phi, \{1\}, \{2\}, X\}$$
$$\tau(Y) = \{\phi, \{1\}, \{3\}, \{4\}, \{1,3\}, \{1,4\}, \{3,4\}, Y\}$$

在映射 f 下的扩张原理为

$$f:\tau(X) \to \tau(Y)$$
$$A \to f(A) = \{y | y = f(x) = x^2, x \in A\}$$

例如 $\{x\} \to f(\{x\}) = \{y \mid y = f(x) = x^2, x \in \{x\}\} = \{f(x)\} = \{x^2\}$

$$f(\phi) = \phi, f(\{1\}) = \{f(1)\} = \{1\}$$
$$f(\{2\}) = \{f(2)\} = \{4\}, f(X) = \{f(1), f(2)\} = \{1,4\} \in \tau(Y)$$
$$f^{-1}:\tau(Y) \to \tau(X)$$
$$B \to f^{-1}(B) = \{x | x = f^{-1}(y) = \sqrt{y}, y \in B\}$$

$$f^{-1}(\phi) = \phi, f^{-1}(\{1\}) = \{f^{-1}(1)\} = \{1\}$$
$$f^{-1}(\{4\}) = \{f^{-1}(4)\} = \{2\}, f^{-1}(\{1,4\}) = \{1,2\} = X$$

但在 f 下没有原像。因此，当 $B = \{3\}, \{1,3\}, \{3,4\}, Y$ 时，f^{-1} 均不是 B 到 $f^{-1}(B)$ 的映射。

（三）二元关系

1. 二元关系的概念

关系是一个基本概念。在日常生活中有"朋友关系""师生关系"等，在数学上有"大于关系""等于关系"等，而序对又可以表达两个对象之间的关系。于是，引进下面的定义。

定义 13　设 $X, Y \in \tau(U)$，笛卡尔积 $X \times Y$ 的子集 R 称为 X 到 Y 的二元关系，特别地，当 $X = Y$ 时，称之为 X 上的二元关系。以后把二元关系简称为关系。

若 $(x, y) \in R$，则称 x 与 y 有关系 R，记为 xRy；若 $(x, y) \notin R$，则称 x 与 y 没有关系 R，记为 $x\overline{R}y$。R 的特征函数为

$$\chi_R(x, y) = \begin{cases} 1, & \text{当 } xRy \text{ 时} \\ 0, & \text{当 } x\overline{R}y \text{ 时} \end{cases}$$

【例 6 - 6】　设 $X = \{1,4,7,8\}$，$Y = \{2,3,6\}$，定义关系 $R \Leftrightarrow x < y$，称 R 为"小于"关系。于是

$$R = \{(1,2), (1,3), (1,6), (4,6)\}$$

这表明"小于"关系 R 是直积 $X \times Y$ 的子集。

【例 6 - 7】　设 $X = R$，则子集

$$R = \{(x, y) \mid (x, y) \in R \times R, y = x\}$$

是 R 上元素间的"相等"关系。

关系的性质主要有自反性、对称性和传递性。

定义 14　设 R 是 X 上的关系。

①若 $\forall x \in X$，有 xRx，即 $\chi_R(x, x) = 1$，则称 R 是自反的。

② $\forall x, y \in X$，若 $xRy \Rightarrow yRx$，即 $\chi_R(x, y) \Rightarrow \chi_R(y, x)$，则称 R 是对称的。

③ $\forall x, y, z \in X$，若 $xRy, yRz \Rightarrow xRz$，即 $\chi_R(x, y) = 1, \chi_R(y, z) = 1$，$\chi_R(z, x) = 1$ 则称 R 是传递的。

【例 6 - 8】　设 N 为自然数集，N 上的关系"$<$"具有传递性，但不具有自反性和对称性。

【例 6 - 9】　设 $\tau(X)$ 为 X 的幂级，$\tau(X)$ 上的关系"$\subseteq$"具有自反性和传递性，但不具有对称性。

【例 6 - 10】　设 $A = \{1,2,3\}$，R_1, R_2, R_3 是 A 上的关系，其中 $R_1 = \{\langle 1,1 \rangle, \langle 2,2 \rangle, \langle 3,3 \rangle, \langle 1,2 \rangle\}$，$R_2 = \{\langle 1,1 \rangle, \langle 1,2 \rangle, \langle 2,1 \rangle\}$，$R_3 = \{\langle 1,2 \rangle, \langle 2,3 \rangle\}$，则 R_1 是自反的，R_2 是对称的，R_3 是传递的。

2. 关系矩阵表示法

关系的表示方法很多，除了用直积的子集表示外，对于有限论域情形，用矩阵表示在运算上更为方便。

设 $X = \{x_1, x_2, \cdots, x_n\}$ 及 $Y = \{y_1, y_2, \cdots, y_m\}$，$R$ 是 X 与 Y 上的二元关系，令

$$r_{ij} = \begin{cases} 1 & (x_i, y_j) \in R \\ 0 & (x_i, y_j) \notin R \end{cases}$$

则 0，1 矩阵

$$(r_{ij}) = \begin{bmatrix} r_{11} & r_{12} & \cdots & r_{1m} \\ r_{21} & r_{22} & \cdots & r_{2m} \\ \vdots & \vdots & \vdots & \vdots \\ r_{n1} & r_{n2} & \cdots & r_{nm} \end{bmatrix}$$

称为 R 的关系矩阵，记作 M_R。

3. 关系的合成

通俗地讲，若"兄妹"关系记为 R_1，"母子"关系记为 R_2，即 x 与 y 有"兄妹"关系 xR_1y，y 与 z 有"母子"关系 yR_2z，那么 x 与 z 有"舅舅"关系。这就是关系 R_1 与 R_2 的合成，记为 $R_1 \cdot R_2$。

定义 15 设 R_1 是 X 到 Y 的关系，R_2 是 Y 到 Z 的关系，则称 $R_1 \cdot R_2$ 为关系 R_1 与 R_2 的合成，表示为

$$R_1 \cdot R_2 = \{(x, z) \mid \exists y \in Y, \text{使} (x, y) \in R_1, (y, z) \in R_2\}$$

$R_1 \cdot R_2$ 是直积 $X \times Z$ 的一个子集，其特征函数为

$$\chi_{R_1 \cdot R_2}(x,)z \stackrel{\text{def}}{=\!=\!=} \bigvee_{y \in R} \left[\chi_{R_1}(y, z) \wedge \chi_{R_2}(y, z) \right]$$

【例 6-11】 设 $X = \{1, 2, 3, 4\}$，$Y = \{2, 3, 4\}$，$Z = \{1, 2, 3\}$，R_1 是 X 到 Y 的关系，R_2 是 Y 到 Z 的关系，即

$$R_1 = \{(x, y) \mid x + y = 6\} = \{(2, 4), (3, 3), (4, 2)\}$$
$$R_2 = \{(y, z) \mid y - z = 1\} = \{(2, 1), (3, 2), (4, 3)\}$$

则 R_1 与 R_2 的合成

$$R_1 \cdot R_2 = \{(x, z) \mid x + z = 5\} = \{(2, 3), (3, 2), (4, 1)\}$$

关系的合成也可以用矩阵来表示。

设 $X = \{x_1, x_2, \cdots, x_m\}$，$Y = \{y_1, y_2, \cdots, y_n\}$，$Z = \{z_1, z_2, \cdots z_s\}$，$X$ 到 Y 的关系 R_1 的关系矩阵 $R_1 = (r_{ij})_{m \times n}$，$Y$ 到 Z 的关系 R_2 的关系矩阵 $R_2 = (p_{ij})_{n \times s}$，则 X 到 Z 的关系 $R_1 \cdot R_2$ 的关系矩阵为

$$R_1 \cdot R_2 = (c_{ij})_{m \times s}$$

其中，$c_{ij} = \bigvee\limits_{k=1}^{n} (r_{ik} \wedge p_{kj})$，$i = 1, 2, \cdots, s$。

4. 等价关系·划分

为了将集合的元素进行分类，下面引进一个重要的关系——等价关系。

定义 16 若集合 X 上的二元关系 R 同时具有自反性、对称性和传递性，则称 R 是 X 上的等价关系，此时 xRy 又称为 x 等价于 y，记为 $x \cong y$。

比如，年龄相同是等价关系，数学上"＝"也是等价关系；但同学关系不是等价关系，因为它不具有传递性。

集合 X 上等价关系的重要性在于可以将集合 X 分成适当的子集（实际上就是将集合

X 进行分类），为此又引进下面的定义。

定义 17　设 X 是非空集，X_i 是 X 的非空子集，$\bigcup_i X_i = X$，且 $X_i \bigcap X_j = \phi(i \neq j)$ 则称集合族 $\{\cdots X_i \cdots\}$ 为 X 的一个划分，称集 X_i 为这个划分的一个类。以 $\mathbb{II}$ 表示为

$$\mathbb{II} = \{X_i \mid X_i \subseteq X, \text{且 } \forall x \in X \text{ 恰属于一个 } X_i\}$$

划分 $\mathbb{II}$ 的每个元素都称为一个块，也称为划分的一个类。

当划分的块数为有限时，划分 $\mathbb{II}$ 可表示为

$$\mathbb{II} = \{X_1, X_2, \cdots, X_n\}, \ n \text{ 为块数}$$

显然，对有限集而言，它的划分块数一定是有限的。

5. 相似关系

与等价关系一样，相似关系的应用也是非常广泛的。

定义 18　设 R 是集合 X 上的关系，若 R 是自反的、对称的，则称 R 是相似关系。

例如，朋友关系、同学关系都是相似关系。

定义 19　设 R 是集合 X 上的相似关系，若 $C \subseteq X$，$\forall x, y \in C$，有 xRy，则称 C 是由相似关系 R 产生的相似类，记为 $[x]_R$，即

$$[x]_R = \{y \mid x, y \in C, xRy\}$$

显然满足：$X = \bigcup [x]_R$，但 $[x]_R \neq [z]_R$ 时，$[x]_R \bigcap [z]_R \neq \phi$，这是因为不满足传递性。

（四）格

1. 格的概念

定义 20　设在集合 L 中规定了两种运算 " $\vee$ " 与 " $\wedge$ "，分别表示取大、取小运算，即 $a \vee b = \max\{a, b\}$，$a \wedge b = \min\{a, b\}$，若 L 中的任意两个元素都存在上确界和下确界，并满足下列运算性质：

幂等律　$a \vee a = a, a \wedge a = a$，

交换律　$a \vee b = b \vee a, a \wedge b = b \wedge a$，

结合律　$(a \vee b) \vee c = a \vee (b \vee c), (a \wedge b) \wedge c = a \wedge (b \wedge c)$，

吸收律　$(a \vee b) \wedge a = a, (a \wedge b) \vee a = a$，

则称 L 是一个格，记为 $(L, \vee, \wedge)$。

定义 21　设 $(L, \vee, \wedge)$ 是一个格。

若 $(L, \vee, \wedge)$ 还满足：

分配律 $(a \vee b) \wedge c = (a \wedge c) \vee (b \wedge c), (a \wedge b) \vee c = (a \vee c) \wedge (b \vee c)$，则称 $(L, \vee, \wedge)$ 为分配格。

若 $(L, \vee, \wedge)$ 还满足：

$0-1$ 律：在 L 中存在两个元素 0 与 1，且

$$a \vee 0 = a, a \wedge 0 = 0, a \vee 1 = 1, a \wedge 1 = a$$

则称 $(L, \vee, \wedge)$ 有最小元 0 与最大元 1，此时又称 $(L, \vee, \wedge)$ 为完全格。

若在具有最小元 0 与最大元 1 的分配格 $(L, \vee, \wedge)$ 中规定一种余运算 ^{c}，满足：

复原律　$(a^c)^c = a$，

互余律　$a \vee a^c = 1, a \wedge a^c = 0$，则称 $(L, \vee, \wedge, {}^c)$ 为一个布尔代数。

若在具有最小元 0 与最大元 1 的分配格 $(L, \vee, \wedge)$ 中规定一种余运算^c，满足：

复原律　$(a^c)^c = a$，

对偶律　$(a \vee b)^c = a^c \wedge b^c$，$(a \wedge b)^c = a^c \vee b^c$，

则称 $(L, \vee, \wedge, ^c)$ 为一个软代数。

【例 6 - 12】　任一集合 A 的幂集 $\tau(A)$ 是一个完全格，格中的最大元为 A（全集），最小元为 ϕ（空集）。

【例 6 - 13】　记 $(0, 1)$ 内的有理数集为 Q，在 Q 上定义有理数的大小关系"$\leqslant$"，则 $(Q, \leqslant)$ 是一个格，但不是完全格。

2. 扎德算子 $(\vee, \wedge)$

定义 22　$\forall a, b \in [0, 1]$，定义

$$a \vee b \xlongequal{\text{def}} \max(a, b), \quad a \wedge b \xlongequal{\text{def}} \min(a, b)$$

称 $\vee$，$\wedge$ 为扎德算子。

本书中再出现符号"$\vee$"与"$\wedge$"，都为扎德算子，分别表示取大、取小的意思。

定理 2　设 $\forall a, b, c \in [0, 1]$，扎德算子 $\vee$，$\wedge$ 具有如下性质：

幂等律　$a \vee a = a$，$a \wedge a = a$，

交换律　$a \vee b = b \vee a$，$a \wedge b = b \wedge a$，

结合律　$(a \vee b) \vee c = a \vee (b \vee c)$，$(a \wedge b) \wedge c = a \wedge (b \wedge c)$，

吸收律　$(a \vee b) \wedge a = a$，$(a \wedge b) \vee a = a$，

分配律　$(a \vee b) \wedge c = (a \wedge c) \vee (b \wedge c)$，$(a \wedge b) \vee c = (a \vee c) \wedge (b \vee c)$，

0—1 律　$a \vee 0 = a$，$a \wedge 0 = 0$，$a \vee 1 = 1$，$a \wedge 1 = a$，

对偶律　$1 - (a \vee b) = (1 - a) \wedge (1 - b)$，$1 - (a \wedge b) = (1 - a) \vee (1 - b)$。

根据扎德算子 $\vee$，$\wedge$ 的定义，并比较 a，b，c 的大小，不难证明上述定理。这些性质表明，$[0, 1]$ 上全体实数集合与扎德算子 $\vee$，$\wedge$ 一起构成一个具有分配律的完全格。如果在 $[0, 1]$ 上定义余运算

$$a^c \xlongequal{\text{def}} 1 - a$$

则 $([0, 1], \vee, \wedge, ^c)$ 是一个软代数。

定理 3　设 $a, b, c, d \in [0, 1]$，若 $a \leqslant b$，$c \leqslant d$，则 $a \vee c \leqslant b \vee d$，$a \wedge c \leqslant b \wedge d$。

推论　设 $a, b, c \in L$，若 $b \leqslant c$，则 $a \vee b \leqslant a \vee c$，$a \wedge b \leqslant a \wedge c$，这个性质称为格的保序性。

定理 4　设 $a, b \in L$，则有

$$a \leqslant b \Leftrightarrow a \wedge b = a \Leftrightarrow a \vee b = b$$

定理 5　设 $a, b, c \in L$，则有

$$a - (b \wedge c) = (a - b) \vee (a - c)$$
$$a - (b \vee c) = (a - b) \wedge (a - c)$$

（五）模糊集的基本定理

模糊数学的基础是模糊集合论，其基本概念如下，

（1）模糊集合与隶属函数：在经典集合论中，一个元素 x 和一个集合 A 的关系只有 x

$\in A$ 与 $x \notin A$ 两种。集合可以通过特征函数来确定，每个集合都有一个特征函数，其定义为

$$\mu_A(x) = \begin{cases} 1 & x \in A \\ 0 & x \notin A \end{cases} \tag{6-1}$$

$\mu_A(x)$ 表征了 x 对 A 集合的隶属关系，且只允许取 $\{0,1\}$ 两个值，故与两值逻辑相对应。模糊数学是将两值逻辑 $\{0,1\}$，推广至可取 $[0,1]$ 闭区间任意值，无穷多个值的连续值逻辑，因此也必须把特征函数作适当的推广，这就是隶属函数 $\mu(x)$，它满足 $0 \leqslant \mu(x) \leqslant 1$。其定义：设给定论域 U，U 到 $[0,1]$ 闭区间任一函数 μ_A 都确定 U 的一个模糊子集 A，μ_A 叫 A 的函，$\mu_A(x)$ 叫作 U 对 A 的隶属度。

模糊子集 A 完全由其隶属函数所刻划。特别当 μ_A 的值域取 $[0,1]$ 闭区间的两个端点，亦即 $\{0,1\}$ 两个值时，A 便退化为一个普通子集，隶属函数也就退化为特征函数，由此可见，普通集合是模糊集合的特殊情形，模糊集合是普通集合概念的推广。

（2）λ 截集：λ 水平截集是在模糊集合与普通集合相互转化中的一个很重要的概念，在模糊决策中也经常用到。

所谓取一个模糊集 $\underset{\sim}{A}$ 的 λ 水平截集 A_λ，也就是将隶属函数按下式转化成特征函数：

$$C_{A_\lambda}(x) = \begin{cases} 1 & \mu_{\underset{\sim}{A}}(x) \geqslant \lambda \\ 0 & \mu_{\underset{\sim}{A}}(x) < \lambda \end{cases} \tag{6-2}$$

【例 6-14】　设某组有 x_1, x_2, x_3, x_4, x_5 共 5 人。在本次考试成绩及其隶属度为

$$
\begin{array}{lll}
x_1 & 95 \text{ 分} & \text{隶属度} \quad \mu(x_1) = 0.95 \\
x_2 & 88 \text{ 分} & \text{隶属度} \quad \mu(x_2) = 0.88 \\
x_3 & 76 \text{ 分} & \text{隶属度} \quad \mu(x_3) = 0.76 \\
x_4 & 62 \text{ 分} & \text{隶属度} \quad \mu(x_4) = 0.62 \\
x_5 & 40 \text{ 分} & \text{隶属度} \quad \mu(x_5) = 0.40
\end{array}
$$

试问"及格（60 分）""良好（80 分）""优秀（90 分）"以上各有多少人？

应用 λ 水平截集即可求得

"及格"者　　$A_{\lambda=0.6} = \{x_1, x_2, x_3, x_4\}$

"良好"者　　$A_{\lambda=0.8} = \{x_1, x_2\}$

"优秀"者　　$A_{\lambda=0.9} = \{x_1\}$

说明，当 $\underset{\sim}{A}$ 是论域 U 中的一个集合，隶属函数值大于某一水平值 λ 的元素所组成的普通集合，叫作该模糊集合 $\underset{\sim}{A}$ 的 λ 水平截集，或称为 $\underset{\sim}{A}$ 的 A 截集，用 A_λ 表示。

（3）支撑集（或简称支）、核和模糊单值：模糊集合 $\underset{\sim}{A}$ 的支撑集是所有 $x \in U$ 中，满足 $u_{\underset{\sim}{A}}(x) > 0$ 的那些点组成的明晰集合。模糊集合 $\underset{\sim}{A}$ 的核是 $x \in U$ 中使得 $u_{\underset{\sim}{A}}(x)$ 取最大值的点。如果模糊集合 $\underset{\sim}{A}$ 的支撑集在 U 上只含一个点，且有 $u_{\underset{\sim}{A}} = 1$，则 $\underset{\sim}{A}$ 就称为模糊单值。

由以上定义可知，核就是模糊集合中隶属度为 1 的元素组成的经典集合；而支集就是模糊集合的强截集，即隶属度不为 0 的元素组成的经典集合。

（4）分解定理：令 F 为论域 U 中的模糊集合，则

$$F = \bigcup_{\lambda \in [0,1]} \lambda F_\lambda \qquad\qquad (6-3)$$

分解定理是模糊集合论的基本定理之一，它说明模糊集合可以由经典集合来表示，从而建立了模糊集合与经典集合之间的转换关系。

二、水库调度的模糊决策数学模型

在模糊优化调度中，径流用模糊数来表示。目前较为流行的方法是将年水量分为五级：①枯水年；②偏枯；③平水年；④较丰；⑤丰水年。如果来水量用 $W(\text{m}^3)$ 表示，则上述来水的 5 种模糊子集可分别记为 W_1, W_2, W_3, W_4, W_5，各模糊子集的隶属函数如图 6-1 所示。相应地，发电下泄流量也分为 5 个等级：①适当降低保证出力；②按保证出力供电；③稍加大出力工作；④加大出力运行；⑤尽量多发电。其相应决策分别记为 A_1，A_2, A_3, A_4, A_5，各模糊子集的隶属函数如图 6-2 所示。

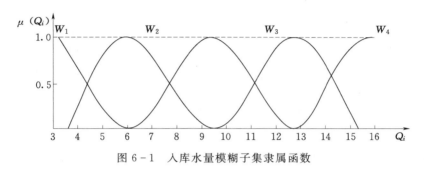

图 6-1　入库水量模糊子集隶属函数

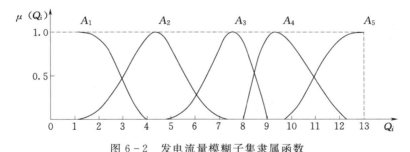

图 6-2　发电流量模糊子集隶属函数

设调度期划分为 T 个时段，则逆序递推的模糊动态规划模型为

$$\left.\begin{aligned}
f_i^*(V_{i-1}) &= \max[N_i(V_{i-1}, \tilde{q_i}, \widetilde{W}_i) + f_{i+1}^*(V_i)] \\
f_{T+1}^*(V_T) &= 0
\end{aligned}\right\} \quad (i = 1, 2, \cdots, T) \qquad (6-4)$$

式中：$\widetilde{W}_i$ 为第 i 个时段的预报来水量，为模糊数；$\tilde{q_i}$ 为第 i 个时段的下泄流量，为模糊数；其余符号意义同前。

三、模糊动态规划决策模型求解

解这种模糊规划模型，需要引入 λ 截集将模糊集合问题转化为普通集合问题求解，基本步骤如下。

(1) 按第 i 个时段的预报来水量选择模糊子集，如预报为"丰"，则取 W_5。

(2) 由分解定理，对 W_5 取某一 $\lambda \in (0,1)$，得到相应水平截集 $W_{\lambda,i} = \{W \mid \mu(W) \geqslant \lambda\}$，取截集中的最小值 W_i'，最大值为 W_i''。

（3）将 W'_i 代入式（6-4），则可按确定性动态规划方法进行递推，并得到相应的最优下泄流量 $q'_{\lambda,i}(i=1,2,\cdots,T)$。

（4）同理，将 W''_i 代入式（6-4），可得到相应的最优下泄流量 $q''_{\lambda,i}(i=1,2,\cdots,T)$，于是 $F_{\lambda,i}=[q'_{\lambda,i},q''_{\lambda,i}](i=1,2,\cdots,T)$ 即为 λ 水平下各阶段的最优下泄流量，方括号表示它是一个区间数。

（5）改变 λ 值，重复步骤（2）～（4），将得到不同 λ 水平截集下的各阶段的最优下泄流量策略 $[q'_{\lambda,i},q''_{\lambda,i}][i=1,2,\cdots,T,\lambda\in(0,1)]$，再由分解定理，可得到 i 阶段的一个模糊集合 $F_i=\bigcup_{\lambda\in[0,1]}\lambda F_{\lambda,i}(i=1,2,\cdots,T)$，此集合即为 i 阶段的最优模糊下泄流量。

第二节　随机性数学模型

径流资料是水库调度的基本资料，特别是对优化调度，径流资料的确定性将直接影响优化调度的效益，径流的描述方式则决定着水库优化调度的数学模型。前面章节的优化调度均是基于对径流的确定性描述，而相对于径流的随机性描述，有随机性数学模型。

此外，由于目前对短期径流预报的准确度一般较高，而对中长期径流预报的误差较大，故不确定型数学模型常用于水库的长期优化调度中。本节介绍随机性数学模型及其求解方法。

一、随机性动态规划模型

动态规划法可用于解决具有序列结构的确定性系统和随机性系统、连续系统和不连续系统，线性系统和非线性系统等的最优化问题。实际上，自然科学与社会科学系统中，大量存在的许多参变量都是具有不确定性的。这种考虑并包含了随机变量因素的动态规划问题，称为随机动态规划。

随机性模型与确定性模型的不同点在于天然来水量是随机的，因而其目标函数是整个调度期中总出力（或总发电量）的数学期望值最大，而不是总出力（或总发电量）最大。故建立随机动态规划的数学模型为

$$\left.\begin{aligned}EN_i^*(V_{i-1})&=\max_{q_i}\left\{\sum_{j=1}^m P_{i,j}(Q_{i,j})\left[N_i(V_{i-1},q_i,Q_{i,j})+EN_{i+1}^*(V_i)\right]\right\}\\EN_{T+1}^*(V_T)&=0\end{aligned}\right\}\quad(6-5)$$

式中：$EN_i^*(V_{i-1})$ 为第 i 个时段初水库状态为 V_{i-1} 时，从第 i 个时段到最后时段的最优总出力期望值；$N_i(V_{i-1},q_i,Q_{i,j})$ 为第 i 个时段初水库状态为 V_{i-1}，电站引用流量为 q_i，入库流量为 $Q_{i,j}$ 时的出力；$Q_{i,j}$ 为第 i 个时段、随机入流量第 j 个离散状态点的流量值，如图 6-3 所示。

$P_{i,j}(Q_{i,j})$ 为第 i 个时段随机流量为 $Q_{i,j}$ 时、平均流量频率曲线上所对应的概率，如图 6-3 所示。

与前面章节比较可以看出，随机动态规划与常规动态规划的过程是一样的，所不同的是阶段效益须以出力期望表示，故概率 $P_{i,j}(Q_{i,j})$ 的计算问题是求解的关键。由于离散的马尔可夫过程的径流描述复杂，实际中常使用简单马尔可夫过程与相互独立随机变量的径流描述，下面将分述其概率的计算方法。

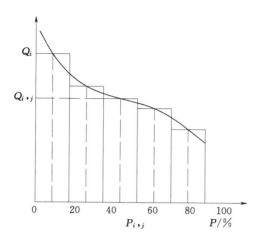

图 6-3 第 i 个时段径流频率曲线

二、径流过程描述

将径流过程看成是一种非平稳的连续性随机过程，则可将径流用统计方法进行描述。根据前后时段径流间的相关情况，可将径流过程表示成不同的形式：时间离散的马尔可夫过程、简单的马尔可夫过程、相互独立的随机变量序列等。

（1）时间离散的马尔可夫过程：将径流过程在预报期内划分为 T 个时段（如在一年中 $T=12$），则第 i 个时段的径流可描述为：

$$F(Q_i/Q_{i-1},Q_{i-2},\cdots,Q_1)(i=1,2,\cdots,T)$$

$$(6-6)$$

上式表示当第 i 个时段以前各时段的径流量等于 Q_{i-1}，Q_{i-2}，$\cdots$，Q_1 的时候，第 i 个时段中径流量不小于 Q_i 的概率。由于需要考虑面临第 i 个时段之前各时段的径流情况，该式在实际应用中是相当困难和复杂的。

（2）简单的马尔可夫过程：将第 i 个时段的径流描述为二维概率分布函数：

$$F(Q_i/Q_{i-1})\quad(i=1,2,\cdots,T)\tag{6-7}$$

即第 i 个时段的径流 Q_i 只与第 $i-1$ 个时段的径流 Q_{i-1} 有关，而与其他时段的径流无关，由于这种简化处理既能减少计算工作量，又能较准确地反映径流间的相关实情，故在实际中应用较多。

（3）相互独立的随机变量序列：即假定前后时段间径流相关关系不大，径流过程为具有独立值的随机过程，则可用单维概率分布函数进行描述。一般采用皮尔逊Ⅲ型曲线。

三、径流过程的概率分布函数

（一）独立随机变量的随机过程

当把径流过程看成各时段彼此独立的随机过程时，常用 P-Ⅲ型（皮尔逊Ⅲ型）曲线来描述。P-Ⅲ型曲线具有以下概率密度函数和概率分布函数：

密度函数：

$$\rho(Q)=\frac{\beta^\alpha}{\Gamma(\alpha)}(Q-\delta)^{\alpha-1}\mathrm{e}^{-\beta(Q-\delta)}\quad(\delta<Q<+\infty)\tag{6-8}$$

分布函数：

$$F(Q)=\int_\delta^Q\rho(Q)\mathrm{d}Q\tag{6-9}$$

式中：Γ 函数定义为：$\Gamma(\alpha)=\int_0^{+\infty}t^{\alpha-1}\mathrm{e}^{-t}\mathrm{d}t$，而 α、β、δ 则与统计参数 a（均值）、β（离差系数）、δ（偏差系数），分别定义为

$$\alpha=\frac{4}{C^2};\ \beta=\frac{2}{aC_vC_\delta};\ \delta=a\left(1-\frac{2C_v}{C_\delta}\right)$$

只要根据径流统计资料算出 a、β、δ，则径流的概率分布函数也就知道了，可作为频率曲线，如图 6-1 所示。将第 i 个时段的流量 Q_i 离散成 m 等分，则可近似用中心流量所

对应的频率表示 $P_{i,j}(Q_{i,j})$ $(j=1, 2, \cdots, m)$。

（二）简单马尔可夫过程

这时需求第 i 个时段径流对第 $i-1$ 个时段径流的条件概率分布函数 $F(Q_i \mid Q_{i-1}) = \int_0^{Q_i} \rho(Q_i \mid Q_{i-1}) \mathrm{d}Q_i$，其中 $\rho(Q_i \mid Q_{i-1})$ 为条件密度函数。由于月径流近似服从 P-Ⅲ 型分布，而统计学尚无适合于这种情况的联合分布。故可采用以下的处理方法：

（1）设 x 服从标准正态分布，Q 服从 P-Ⅲ 型分布。

（2）计算机随机变量 x_i 的条件概率密度函数：由标准正态分布函数的密度函数，可得其条件概率密度为

$$\rho(x_i \mid x_{i-1}) = \frac{\sigma_1}{\sqrt{2\pi}\, \sqrt{\sigma_1^2 \sigma_2^2 - \sigma_{12}^2}} \exp\left[-\frac{\sigma_1^2}{2(\sigma_1^2 \sigma_2^2 - \sigma_{12}^2)}\left(x_i - \frac{\sigma_{12}}{\sigma_1^2}x_{i-1}\right)^2\right] \qquad (6-10)$$

即 x_i 在给定 x_{i-1} 的条件下，其条件概率分布函数为 $N\left(\frac{\sigma_{12}}{\sigma_1^2}x_{i-1}, \; \sigma_2^2 - \frac{\sigma_{12}^2}{\sigma_1^2}\right)$（$N$ 表示标准正态分布）。

（3）求转换曲线 $Q-x$：首先作出服从标准正态分布的保证率曲线 $P-x$ 和服从 P-Ⅲ 型分布的保证率曲线 $P-Q$，若 $P(x_1) = P(Q_1) = P_1$，则点 x_1 即为与点 Q_1 所对应的新随机变量，作服从正态分布随机变量 x 的转换曲线 $Q-x$。

（4）对某一定值 Q_{i-1}，先按转换曲线 $Q-x$ 求出相应的 x_{i-1}，由式（6-10）可求得 x_i 对 x_{i-1} 的条件概率密度函数；从而可得条件概率分布函数 $F(x_i \mid x_{x-1}) = \int_0^{x_i} \rho(x_i \mid x_{i-1}) \mathrm{d}x_i$。

（5）再由转换曲线 $Q-x$ 把 x_i 的条件概率分布曲线变换成 Q_i 的条件概率分布曲线，即为所求。

四、随机动态规划优化调度

以下仅简要介绍以相互独立的随机变量序列来描述径流过程时，水电站水库优化调度的随机动态规划模型式（6-5）的求解过程。

（1）将第 i 个时段的水库库容 V_i 和入库流量 Q_i 分别进行离散化，假定各有 n 个离散状态 $V_i^1, V_i^2, \cdots, V_i^n$，与 m 个离散流量 $Q_i^1, Q_i^2, \cdots, Q_i^m$。

（2）当第 i 个时段的任一状态 V_i^j 转移到第 $i-1$ 个时段任意状态 V_{i-1}^j 时，先对随机入流量的 m 个离散状态 $Q_i^1, Q_i^2, \cdots, Q_i^m$ 分别算出 m 个出力值，再求出这 m 个出力的期望出力值，作为该状态转移时取得的效益值。

（3）重复（2）可求得 n^2 个期望出力值，对这 n^2 个期望出力值按照确定性动态规划的方法来进行优选计算，取余留效益（即出力期望值）最大点记录下来。

（4）重复以上步骤，进行第 $i-1$ 个时段的递推。

可见，随机动态规划实际上可转化为确定性动态规划问题来求解，不过求得的是出力的最优期望值。

第三节　水库模糊优化调度方法研究

除了径流预报的不确定性，在水库调度中还存在其他的模糊信息，正是由于这些模糊

现象和信息的存在，产生了用模糊集理论为指导的模糊调度方法。这一节将简要介绍水库模糊优化调度的基本方法及应用。

一、水库模糊优化调度的一般数学模型

水库模糊优化调度的数学模型与普通优化调度的数学模型一样，需要给出决策变量、目标函数、约束条件、系统的状态变量及状态转移方程。

通常根据水库调度运用所处的阶段（如汛期和非汛期，调度规划、计划和实时运用阶段），调度任务和内容，给出相应的决策变量。普通优化调度问题皆把决策变量视为确定性，客观上某些决策不同程度地具有模糊性。如供水量或供电量，往往给出"加大/减少出力""加大/减少供水"等模糊决策。不过，目前在模糊优化实时调度中，还是习惯把可量度的决策变量视为确定性变量。

水库模糊优化调度目标函数是指衡量调度决策或调度方案的优劣程度的指标。指标只有一个，称为单目标函数，一个以上的称为多目标函数。"优"和"劣"本身就是个模糊概念。例如，某综合利用水库有下游防洪错峰任务，衡量泄洪量决策或方案的优劣程度指标往往用"最高库水位越低越好""防护地点的组合流量越小越好""洪水末期库水位越接近某水位（或是防洪限制水位）值越好""发电量越大越好"等，这些目标函数都是模糊的，而且是互相矛盾的。水库调度中还遇到一些难以量度的模糊目标，如生态环境维持、改善、破坏程度，对社会经济发展促进程度等。

模糊优化约束条件是指限制模糊优化决策取值的范围或必须满足的条件。水库模糊优化调度中的约束条件，大体上包括：设计时的特征水位、库容，设计水利、动能指标，设计标准，泄洪建筑的泄洪能力、供水设备的供水能力、电站装机容量，下游防护点的安全泄量等。有时还把上述的一些人文因素的模糊目标或次要目标作为模糊约束处理。

客观上，水库调度中还有许多约束是具有模糊性的，如防洪限制水位、兴利调度中允许的消落水位，保证出力或保证水量等，都具有一个弹性区域。

一般来说，决策变量、目标函数和约束条件，三者中只要有一个是模糊性因素，那么这类问题就属于模糊优化模型。

模糊优化模型的基本涵义，与普通优化模型一样，即寻求决策变量（或方案），使目标函数取最优值，并满足全部约束条件。所不同的是模型中包含有模糊因素。

模糊优化模型具体分为对称化模型和非对称化模型两种。对称模糊优化模型，是指目标和约束在模型中的地位是对称的，可以互换位置的一种模型。非对称模糊优化模型，是指目标和约束在模型中的地位不对称，位置不可换的一种模型，它在接受约束的前提下，去寻求最优目标[44]。这里仅介绍对称模糊优化模型。

对称模糊优化数学模型可表示如下。

（1）在论域上，给出模糊目标子集 $\widetilde{G}(x)$ 和隶属函数 $\mu_{\widetilde{G}}(x)$，以及模糊约束子集 $\widetilde{C}(x)$ 和隶属函数 $\mu_{C}(x)$。

（2）求 x^*，使得

$$\mu_{\widetilde{D}}(x^*) = \max\mu_{\widetilde{D}}(x) = \mu_{\widetilde{G}}(x) \wedge \mu_{\widetilde{C}}(x) \qquad (6-11)$$

式中：$\widetilde{D}(x) = [\bigcap_{i=1}^{n} \widetilde{G}_i(x)] \cap [\bigcap_{j}^{m} \widetilde{C}_j(x)]$ 为模糊优越集，其隶属函数为

$$\mu_{\tilde{D}}(x) = \left[\bigwedge_{i=1}^{n} \mu_{\tilde{G}_i}(x) \right] \bigcap \left[\bigwedge_{j=1}^{m} \mu_{\tilde{C}_j}(x) \right] \tag{6-12}$$

式中：$\wedge$ 为"取小"计算；$\bigcap$ 为"交集"运算。

于是，使模糊优越集隶属函数取最大值的解 $x^*\left[\mu_{\tilde{D}}(x^*) = \max\mu_{\tilde{D}}(x)\right]$，被称为模糊最优解。

二、隶属函数的确定

在模糊优化中需要确定目标函数及约束条件的隶属函数，它们可以由经验或工程实际情况给出，也可由以下方法确定。

设有模糊规划问题：

$$\left.\begin{array}{l} \max g(x) \\ \text{s. t. } C_i(x) \leqslant b_i, (i=1,2,\cdots,n) \end{array}\right\} \tag{6-13}$$

首先，对于模糊约束条件有 $C_i \leqslant b_i$，$C_i \cong b_i$ 两种形式（对于 $C_i \geqslant b_i$，可以转换成 $C_i \leqslant b_i$），其隶属函数可以分别表示为

$$\mu_i = \begin{cases} 1 & C_i < b_i \\ 1 - \dfrac{C_i - b_i}{r_i} & b_i \leqslant C_i \leqslant b_i + r_i \\ 0 & C_i > b_i + r_i \end{cases} \tag{6-14}$$

$$\mu_i = \begin{cases} 0 & C_i < b_i - r_i \\ 1 + \dfrac{C_i - b_i}{r_i} & b_i - r_i \leqslant C_i \leqslant b_i \\ 1 - \dfrac{C_i - b_i}{r_i} & b_i \leqslant C_i \leqslant b_i + r_i \\ 0 & C_i > b_i + r \end{cases} \tag{6-15}$$

如图 6-4 和图 6-5 所示，其中 r_i 为一给定的参数。图中的斜线部分也可以用上凸或下凹曲线代替，反映了决策者不同的心理偏好。

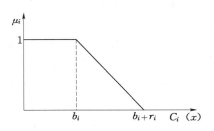

图 6-4 约束 $C_i \leqslant b_i$ 时的隶属函数

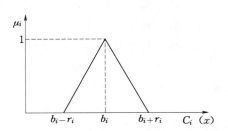

图 6-5 约束 $C_i \cong b_i$ 时的隶属函数

然后，对于目标函数，需要求其无条件模糊优越集（可视为目标的隶属函数），如图 6-6 所示。

$$\mu_0(x) = \frac{g(x) - m}{M - m} \tag{6-16}$$

式中：m、M 分别为 $g(x)$ 的极小值和极大值。

三、例题

【例 6 - 15】　设有两个梯级水电站，上游为 S 电站，下游为 G 电站，见图 6 - 7。已知梯级电站系统一天各时段（24h）的总负荷，问如何在梯级电站间进行负荷分配，以实现梯级电站的经济运行。

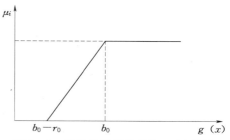

图 6 - 6　无条件模糊优越集 μ_0 示意图

由于梯级水电站间不仅存在电力联系，还有水力联系，如何在梯级电站间进行最优负荷分配，目前尚没有统一的标准。这里我们采用调度期末总蓄能最大的准则，则有

目标函数：

$$\max \sum_{i=1}^{24} g_i(V_{s,i}, V_{g,i}) = \max \sum_{i=1}^{24} \left[(\overline{H}_{s,i} + \overline{H}_{g,i})(Q_{ins,i} - Q_{s,i}) + \overline{H}_{g,i}(Q_{s,i} - Q_{g,i} - q_{g\_spill,i}) \right]$$

(6 - 17)

$\downarrow Q_{ins}$
$\triangledown S$
$\triangledown G$
$\downarrow Q_G$

图 6 - 7　梯形电站
S、G 示意图

式中：τ 为时滞时间；$Q_{ins,i}$ 为 S 电站在第 i 个时段的天然来水；$Q_{s,i}$，$Q_{g,i}$ 分别为 S 电站和 G 电站在第 i 个时段的发电流量；$q_{g\_spill,i}$ 为 G 电站在第 i 个时段的弃水量；$\overline{H}_{s,i}$，$\overline{H}_{g,i}$ 分别为 S 电站和 G 电站在第 i 个时段的平均水头。

$$\left. \begin{array}{l} \overline{H}_{s,i} = Z_{s\_up,i} - Z_{s\_down,i} \\ \overline{H}_{g,i} = Z_{g\_up,i} - Z_{g\_down,i} \end{array} \right\}$$

(6 - 18)

约束条件：

（1）电力平衡：

$$P_{s,i} + P_{g,i} \cong P_{D,i}$$

(6 - 19)

式中：$P_{s,i}$、$P_{g,i}$ 分别为 i 时段 S 电站、G 电站的出力，$P_{D,i}$ 为 i 时段电力系统需要出力/kW。

由 $P = 9.81\eta HQ$，式（6 - 19）即为

$$\eta_s \overline{H}_{s,i} Q_{s,i} + \eta_g \overline{H}_{g,i} Q_{g,i} \cong P_{D,i}/9.81 = P'_{D,i}$$

(6 - 20)

式中：$P_{D,i}$ 为系统的电力负荷要求；η_s、η_G 分别为 S、G 水电站的发电效率。

（2）电站出力限制条件：

$$\left. \begin{array}{l} \underline{P}_s \widetilde{<} P_{s,i} \widetilde{<} \overline{P}_s \\ \underline{P}_g \widetilde{<} P_{g,i} \widetilde{<} \overline{P}_g \end{array} \right\}$$

(6 - 21)

式中：$\underline{P}_s$、$\overline{P}_s$ 分别为 S 电站出力下、上限；$\underline{P}_g$、$\overline{P}_g$ 分别为 G 电站出力下、上限。

（3）流量限制条件：

$$\left. \begin{array}{l} \underline{Q}_s \widetilde{<} Q_{s,i} \widetilde{<} \overline{Q}_s \\ \underline{Q}_g \widetilde{<} Q_{g,i} \widetilde{<} \overline{Q}_s \end{array} \right\}$$

(6 - 22)

式中：$\overline{Q}_s$、$\underline{Q}_s$ 分别为 S 电站流量上、下限；$\overline{Q}_g$、$\underline{Q}_g$ 分别为 G 电站流量上、下限。

（4）水位限制条件：

$$\left. \begin{array}{l} \underline{Z}_s \widetilde{<} Z_{s,i} \widetilde{<} \overline{Z}_s \\ \underline{Z}_g \widetilde{<} Z_{g,i} \widetilde{<} \overline{Z}_g \end{array} \right\}$$

(6 - 23)

式中：$\overline{Z}_s$、$\underline{Z}_s$ 分别为 S 电站水位上、下限；$\overline{Z}_g$、$\underline{Z}_g$ 分别为 G 电站水位上、下限。

以上各式中：$\widetilde{<}$、$\cong$ 的含义分别为"大致小于""大致等于"，是模糊关系符号。

已知：$V_{s,i}$，$V_{g,i}$，$Z_{s,i}$，$Z_{g,i}$，$Q_{s,i-\tau}(i=1, 2, \cdots, \tau)$ 以及 $Z_{g\_down,24}$，$Z_{s,24}$，$Z_{g,24}$ 的某一可能变化范围，求解步骤如下：

（1）利用式（6-14）和式（6-15）确定各约束条件的隶属度函数，这里仅以约束条件式（6-19）为例，其他类似，其隶属度函数为

$$\mu_i = \begin{cases} 0 & f_i < P'_{D,i} - r_i \\ 1 + \dfrac{f_i - P'_{D,i}}{r_i} & P'_{D,i} - r_i \leqslant f_i \leqslant P'_{D,i} \\ 1 - \dfrac{f_i - P'_{D,i}}{r_i} & P'_{D,i} \leqslant f_i \leqslant P'_{D,i} + r_i \\ 0 & f_i > P'_{D,i} + r_i \end{cases} \qquad (6-24)$$

式中：$f_i = \eta_s \overline{H}_{s,i} Q_{s,i} + \eta_g \overline{H}_{g,i} Q_{g,i}$，$r_i$ 为给定的参数，表示电力负荷允许的波动范围。

（2）求目标式（6-17）的无条件模糊优越集，由式（6-16），得式中 M 为系统总蓄能的最大值；m 为系统总蓄能的最小值，也可由历史资料确定 M 和 m。

（3）已知 $V_{s,0}$，$V_{g,0}$，$Z_{s,0}$，$Z_{g,0}$，根据 S 电站的日来水情况和可能的日下泄流量预估 S 电站日库容和流量的最大最小范围，对此范围进行离散。同理，对 G 电站也可以得到一系列离散点。

（4）在多阶段模糊决策中，模糊目标是通过最终时刻 T 的系统状态 V_T 的隶属度函数 $\mu_0(V_T)$ 来评价的。为此，寻找目标最大化，就是要找到最优策略 Q_1^*，Q_2^*，$\cdots$，Q_T^*，即

$$\overline{\mu}_D(Q_1^*, Q_2^*, \cdots, Q_T^*) = \max_{Q_i \in U}\{\mu_{C_1}(Q_1) \wedge \mu_{C_2} \wedge \cdots \wedge \mu_{C_r}(Q_T) \wedge \mu_0(V_T)\} \qquad (6-25)$$

式中：$Q_i^* = (Q_{s,i}^*, Q_{g,i}^*)$，$i=1, 2, \cdots, T$，$T=24$ 为时段数。

采用动态规划逆推计算得

$$\left.\begin{array}{l} \mu_0(V_{i-1}) = \max_{Q_i \in U}\{\mu_{C_{i-1}}(Q_{i-1}) \wedge \mu_0[f(V_{i-1}, Q_{i-1}, Q_{s,i-1-\tau})]\} \\ \mu_0(V_{T+1}) = 1 \end{array}\right\} \qquad (6-26)$$

式中：$f(V_{i-1}, Q_{i-1}, Q_{s,i-1-\tau})$ 为状态转移方程。

$$\left.\begin{array}{l} V_{s,i} = V_{s,i-1} + (Q_{ins,i-1} - Q_{s,i-1})\Delta t \\ V_{g,i} = V_{g,i-1} + (Q_{s,i-1-\tau} - Q_{g,i-1})\Delta t \end{array}\right\} \qquad (6-27)$$

式中：Δt 为时段长。

于是该模型可由常规动态规划法求解。

本 章 小 结

本章主要介绍了水库水资源系统的不确定型模型的相关理论与方法，首先说明了模糊决策数学模型的基本概念，建立了水库调度的模糊决策数学模型，并且运用动态规划的方法解决该模型；然后说明了随机性动态规划模型的相关概念，并介绍了随机动态规划优化调度的求解过程；最后阐述了水库模糊优化调度的一般数学模型，读者可在实践中应用上

述理论解决水资源系统的不确定型问题，实践出真知。

思 考 题

1. 水库调度问题中的确定性方法和随机方法不同之处是什么？
2. 试述随机数学模型的求解步骤。
3. 模糊优化调度的难度是什么，为什么要建立模糊优化、模糊决策模型？
4. 试述模糊优化调度方法的解题步骤。

第七章　水库运行调度的实施

水资源系统运行调度是一项复杂的系统工程，除了技术条件以外，必须配合行政、法律、法规及经济管理等手段。一般而言，为了实现水资源系统的运行调度，对各种类型的水资源系统（如防洪系统、水电站系统、灌溉系统、工业与城市供水系统等）都必须按国家水法及有关法规，根据运行的需要、实际情况及有关依据，编制和选定各系统及其中各项水利工程设施（如水利枢纽工程、水库、堤防、水电站、灌溉工程、排水工程及机电泵站等）合理的调度方案并制订年运行调度计划。

由于水库是很多水资源系统的重要组成单元，往往具有综合利用功能，是联系自然水资源和社会经济系统的纽带，而且水库调度涉及面广，是水资源系统运行的关键，所以本章着重介绍水资源系统中水库调度方案以及年运行调度计划的编制和实施的有关问题；其他系统和工程的调度方案和年运行调度计划的编制可仿照进行。

水库调度的实施，是水库设计的实践，检验设计所确定指标是否合理，同时也是体现工程效益的最重要的环节和手段。它对具有综合利用任务的大中型水库来说，显得更加重要。在前面章节水库调度的相关内容的基础上，本章侧重于阐述水库调度的实施。如开展长、中、短期水文气象预报；编制水库调度计划；制订一系列水库调度工作制度等运行管理的组织措施。这对保证水库正常运行，提高运行管理水平，促进国民经济的发展，有着重要的现实意义。

第一节　水库调度方案的编制

调度方案是进行水库调度的总设想、总部署和总计划，它在近期若干年内都对水库调度起着指挥作用。

一、调度方案编制的基本依据

在编制水库调度方案和年运行调度计划时，应首先收集和掌握的有关资料，作为基本依据[45]。需要收集和掌握的主要资料如下。

（1）党和国家的有关方针、政策，上级主管部门颁发的有关水利水电工程设计与水电站及水库运行管理方面的法律、法规、条例、通则、规范及临时下达的有关指示等文件。特别是《中华人民共和国水法》《中华人民共和国防汛条例》《水电站水库经济调度条例》《综合利用水库调度通则》《水库工程管理通则》等，这些文件对加强水电站水库科学管理，提高其运行调度水平有着直接的指导意义，更必须认真贯彻执行。

（2）水电站及水库的原始设计资料，如设计书、计算书及设计图表等。

（3）水电站及水库工程设备（如大坝，电站厂房及其动力设备，各种引、泄水建筑物及其启动设备等）的历年运行情况与现状的有关资料。

（4）有关国民经济各部门用水要求方面的资料，与设计时相比可能发生了变化，应通过多方面的调查研究获取。

（5）流域及水库的自然地理、地形及水文气象方面的资料，如流域水系，地形图，主河道纵剖面图，水库特性，库区蒸发、渗漏、淹没、坍塌、回水影响的范围，土地利用情况等资料，历年已整编刊印的水文、气象观测统计资料，河道水位-流量关系曲线，现有水文站、气象站网的分布及水文、气象预报的有关资料，陆生和水生生物种类的分布，社会经济发展状况，水质情况、污染源等资料。

（6）水电站及其水库以往运行调度的有关资料，如过去编制的调度方案和历年的计划，历年运行调度总结，历年实际记录、统计资料（上、下游水位，水库来水、泄放水过程及各时段和全年的水量平衡计算，洪水过程及度汛情况，水电站水头、引用流量及出力过程和发电量、耗水率等），有关水电站及水库运行调度的科研成果和试验资料等。

二、调度方案的编制

为了选定合理的水库调度方案，必须同时对所依据的基本资料及水电站水库的防洪与兴利特征值（参数）和主要指标进行复核计算。复核的内容包括：①在基本资料方面，重点要求进行径流（包括洪水年径流及年内分配）资料的复核分析计算；②在防洪方面，要求选定不同时期的防洪限制水位、调洪方式、各种频率洪水所需的调洪库容及相应的最高调洪水位、最大泄洪流量等防洪特征值和指标；③在发电兴利方面，要求核定合理的水库正常蓄水位、死水位、多年调节水库的年正常消落水位及相应的兴利库容与年库容，绘制水库调度图并拟定相应的调度规则，复核计算有关的水利动能指标，阐明他们与主要特征值的关系等。

编制和选定调度方案时可采用方案比较法或优化法，也可将二者结合使用。可以说，优化法是较严密而详细的方案比较法（即在无数多个方案中选择最优方案）；而方案比较法则是近似的优化法（即在若干可行方案中选择比较合理、比较好的方案）。优化法有很多优点，在水库调度中正得到日益广泛的使用。但是应用更普遍的还是方案比较法。它比较简单，便于操作。下边介绍用方案比较法编制水电站水库兴利调度方案的步骤。

（1）拟定比较方案。按照水库所要满足的防洪、发电及其他综合利用要求的水平及保证程度，一定坝高下的调洪库容、兴利库容的大小及二者的结合程度，水电站水库工作方式等因素的不同组合，所确定的水电站水库调度方案可能有多种（严格来说，可有无穷多不同因素的组合方案）。我们的任务是从这很多种方案中，拟定若干可行方案作为比较方案。

（2）计算和绘制各比较方案的水库调度图，拟定相应的调度规则。调度图是根据河川径流特性及电力系统和综合用水部门的要求，按水库调度的目的进行编制的。这是调度方案编制的中心工作之一。

（3）按各比较方案的调度图和调度规则，根据长系列径流资料，复核计算水电站及水库的有关水利动能指标。如水电站的正常工作保证率、保证出力、多年平均发电量，以及灌溉、航运等部门用水的有关指标、水库蓄水保证率等。

（4）按照水库调度基本原则，对各调度方案的水利动能指标及其他有关因素和条件，进行比较和综合分析，选定合理的水库调度方案。

第二节　水电站及水库年度运行调度计划的制订

水电站年发电计划和水库的年度运行调度计划的制订，需要分析当年水库天然来水量及其分配过程，根据来水量制订当年计划。

一、当年水库天然来水量及其分配过程的确定

年运行调度计划（简称年度计划），是调度方案在面临年份的具体体现。在编制水电站的年度生产计划及水库调度计划时，首先必须确定面临年份的水库天然来水量及其分配过程。为此，可采用以下几种方法。

（1）保证率法。这是一种在没有进行水文气象预报时估算年来水量的方法，即根据过去统计得到的年来水量频率曲线，取相应于某一保证率的年来水量作为计划年来水量，并取对应于该来水量的实际年份的径流年内分配作为计划年水量的分配典型。《水电站水库经济调度条例》指出，考虑到目前水文气象预报中长期预报的准确度还不够高的实际情况，计划要适当留有余地，在电力电量平衡中编制水电站年发电计划所用的保证率一般可在 70％左右。

（2）预报法。一般情况下，可根据未来一年的天气预报，估计逐月来水量及年来水量；有条件时，可根据长期水文预报，预报历年来水量及其年内分配。目前，在我国不少大、中型水库的运行调度中，均不同程度地开展长、中、短期的水文预报工作。尽管预报精度和水平还有待不断提高，但这是未来预测径流的重要途径。

（3）综合法。这是一种根据未来一年的天气趋势所作的定性预报，并结合年来水量频率曲线而确定年来水量的方法。一般采用三级定性预报。在这种方法中，若根据天气趋势所作的定性预报为偏丰以上年份，采用保证率 $P=50％$ 左右的年水量；若预报为平水年份，则采用保证率 $P=70％$ 左右的年水量；若预报为偏枯年份，可采用保证率 $P=90％$ 左右的年水量（但最好不大于设计保证率）。对各级预报年来水量应考虑一定的预报误差。

第（2）、（3）种确定来水量的方法，一般用于年度计划实施时的水库预报调度。

二、水电站当年发电计划的制订

水电站当年发电计划的确定传统的方法是先根据保证率 $P=70％\sim75％$ 的年计划来水过程在上年末或当年初作出面临年份的全年逐月发电计划，上报调度部门。调度部门再根据各电站上报的发电计划进行电力系统电力电量平衡计算，进一步修改和落实各电站的发电计划，并下发给各电站，同时安排系统各电站机组等设备及线路的检修计划，决定火电站燃料供应和储备计划。

年内的季、月发电计划在执行中还应在年初发电计划的基础上按照长、中、短期预报不断调整修正，使之不断接近实际要求。

三、当年水库调度计划的编制

当年水库调度计划是每年汛期之前在水电站所在电力系统主管部门的统一组织安排下编制的。内容如下。

（1）根据上级批准的现行调度方案中的调度图、年发电计划、电网要求、当年来水预报，并征求有关部门意见，考虑各部门对水库的要求，制订当年水库防汛调洪计划及对兴

利部门的供水计划。

（2）绘制当年的水库计划调度线和预报调度线。

（3）合理规定各重要时刻（如汛前、汛末，供水期初、末及年末）水库蓄水位的控制范围，进一步核定全年逐月的预报发电量及供水量。

（4）汛后应根据水库实际蓄水量、灌溉用水需求及供水期预报来水，修正供水期发电计划和水库运行方式。

（5）当年的水库调度计划制订后，必须通过一定的审批手续，贯彻执行。在计划的执行过程中，可根据各时期的来水及气象变化情况，逐季、逐月地调整计划。

第三节　水库调度的规程与制度

为了保障水库调度的顺利实施，需要建立完善的水库调度的规程和制度，为顺利实现水库调度的既定目标提供必要支撑。

一、水库调度规程

水库调度直接关系到工程安全、水电站安全经济运行及水库综合效益的发挥，对人民生命财产和国民经济有重大影响。因此，要搞好水库调度，保证调度方案和年度计划的实施，就必须按照党和国家的有关方针政策以及政府有关电力生产、水电站水库调度的各项条例及技术管理法规，并且结合每个水电站水库的实际情况，制定科学合理的调度规程。

水库调度规程是水库调度原则的具体体现，是对编制和实施水库调度方案及计划的具体要求。其主要包括以下内容。

（1）水电站水利枢纽概况，工程组成及主要设备，工程特征值，所承担的发电、防洪和其他综合利用任务及相应的设计标准与设计指标，水库调度所必需的基本资料等。

（2）有关编制和选定水库调度方案（包括有关工程特征值和指标的复核计算及相应调度图和调度规则的制定）的一般要求和规定。

（3）按最后选定的调度方案对防洪、发电及其他兴利用水（如灌溉、航运、给水等）调度的具体要求和规定。

（4）有关年度计划编制与实施的一般意见和可能采取的措施。

（5）有关水库工程观测、水文测报及水文气象预报的规定等。

水库调度规程中的多数问题已在前面章节中进行了介绍，下面列出对实施发电兴利调度的几点要求。

（1）为充分利用水能和水资源，保证供水期正常供水，汛末应抓住有利时机，特别要善于抓最后一次洪水尾巴，尽量多蓄水，充分利用汛末洪水资源。为此要根据来水趋势和汛期结束的早迟，确定最后一次开始蓄水的时间。当汛末来水较少时，要注意节约用水，不能盲目加大出力，使水库在水电站保证出力的条件下，争取汛末至少蓄至原计划规定的水位。

（2）当进行预报调度时，要随时掌握预报来水、水库蓄水及用电、用水的具体情况，加强计划用水。当实际来水与年初预报来水相比出入不大时，一般可按原拟定的年预报调度线进行；但如果水库实际蓄水和原预报调度线偏离较大时，则应根据面临时期的预报来水，修正后期的发电计划和水库预报调度线。

（3）丰水年和丰水期的运行调度，要注意及时加大出力和用水，争取多发电少弃水，但提前加大用水时应考虑到汛期来水可能偏少的趋势。因此，要随时了解和掌握水文气象预报情况，灵活调度，力争做到既有利于防洪，又多发电少弃水。

（4）枯水年和枯水期的运行调度，主要应做到保证重点，兼顾一般。本着开源节流的原则，充分挖掘水的潜力，节约用水，合理调度，使水电站尽量在较高水位下运行，尽量使水电站及其他用水部门的正常工作不被破坏或少破坏。

（5）对多年调节水库，为预防可能发生连续若干年枯水的情况，每年应留有足够的储备水量，合理确定每年的消落水位。若多年库容已全部放空，又遇特枯年份，一般也不允许动用死水位以下的水库蓄水[46]。

二、水库调度工作制度

水库调度工作制度主要包括以下内容。

1. 负责有关重要工作、重大问题处理的组织、审批、执行及请示报告制度

由于实际的水文气象条件、工程运用情况、用电用水要求等可能发生重大变化，当有关设计特征值和设计指标（如水库正常蓄水位、死水位、水电站保证出力等）不符合实际情况时，主管局应组织水电站、水库管理单位、设计单位及其他有关单位，进行复核修改，编制相应的水库调度方案。复核修改及编制成果，属跨省电网内大型水电站的，报相关水电管理部门批准，报有关省（自治区、直辖市）人民政府备案；属地方管理的水电站，经省（自治区、直辖市）人民政府批准，报相关水电管理部门备案。一般情况下，设计特征值和指标的复核及相应调度方案的编制应每5~10年进行一次。

每年在年初或蓄水期之前，主管局应组织网内各水电站、水库管理单位编制当年发电计划和当年水库调度计划。编制结果，属跨省电网内大型水电站的，由主管局报相关水电管理部门批准，并报有关省（自治区、直辖市）人民政府备案；地方管理的水电站，报省（自治区、直辖市）人民政府批准，并报相关水电管理部门备案。

对于上级下达的有关指示、决定及审批的调度方案与年计划、指标等，必须认真执行，在执行中要坚持请示汇报制度。在特殊情况下，对重大问题的处理，如发生超设计洪水时，泄洪建筑物的超标准运用，非常保坝措施的采取等，事先要及时请示，事后要及时汇报。

2. 经常性工作内容及制度

水库调度工作不仅要求明确、安全、经济，而且是一项时间性较强的工作。要搞好这一工作，应严格制定出经常性的工作计划，并形成制度，使水库调度工作有条不紊地进行。水库调度经常性的工作，其内容根据不同水库，不同任务而有所不同。一般水库调度经常性工作主要包括以下内容。

（1）站网布设。在年前，根据水库对流域内的测站报汛要求，按照《水文情报预报拍报办法》编制报汛任务书，报送有关报汛站（雨量、水文及气象等台站）的领导机关，以便向报汛站布置报汛任务。

（2）编制年度调度计划。在每年前或年初，在长期水文气象预报做出后，根据全年可能来水分配与兴利用水部门的要求编制年度计划，呈报上级主管领导机关审批。

（3）编写水库调度月报。在月初对上个月水库（水电站）运行月特征值，技术经济运行指标进行初步分析并提出本月的水库调度修正计划，报送有关单位。

（4）每年汛前做好汛期的准备工作。如修改有关制度，安排汛期值班人员以及对水文预报方案的有关图表参考所积累的资料进行补充修订，并提出度汛计划。

3. 值班制度

大中型水库管理必须建立常年预报调度值班制度，汛期应昼夜值班，值班人员应做到[47]以下要求。

（1）严格遵守劳动纪律，加强工作责任感和岗位责任制。

（2）密切注意和掌握流域水文气象变化（如水情、雨情）和水库运行情况（如水库发电和工程变异情况）。当水、雨情发生较大变化时及时向领导报告情况。

（3）每天要做好水量平衡计算，对入库流量、出库流量、泄流量、发电量、发电和灌溉用水量、上下游水位、水量损失、闸门启闭、降雨及其他方面的资料进行统计计算，分门别类登记在有关调度日志、调度记事簿上。记录要做到清晰完整。

（4）开展短期洪水预报工作，及时统计流域平均降水量和计算前期影响雨量并且进行洪水预报，提出预报成果和调度意见。

（5）收发电报要求及时准确，遇有迟报，漏报或发现有错误疑问的报告时，应按《水文情报预报拍报办法》规定及时发出催报或查询报告。收到流域内水、雨情报告后随时登记在规定的表格上。

（6）交接班时必须把需要下一班处理的问题和上班已处理的问题向下一班交代清楚，做好交接班记录。下一班人员要及时校核上一班计算的成果。

（7）值班人员负责向有关方面联系。

4. 联系制度

水库管理单位应主动与上下游地方政府、防汛机构、上级水利电力主管领导部门、原设计单位、水文气象部门、备用水部门及交通、电讯等单位联系。在必要时，可通过事先协商或订立协议的方式对联系内容加以确定。对各方订立的协议应严格执行。联系制度一般包括有正常调度情况联系和非常情况联系。

（1）正常调度情况联系，指水库开始蓄水、泄水、排沙或改变泄流方式、闸门启闭设备发生故障而需要改变运用方式和调整运用计划，或当预计水库运用有不利于某些部门时，应事先用电话或无线电话、电报通知上下游防洪和兴利部门，以利于及早采取相应措施。为了掌握水库上、下游水文气象变化情况，还应与上、下游流量、水文及气象等台站和上游水库取得联系。

（2）非常情况联系，当发生特大洪水或工程发生严重险情、危及大坝安全或可能发生溃坝和某些预料不到的特殊情况时，需要加大泄量，超过下游河道允许泄量但是通信中断无法与上级取得联系时，水库管理单位应用无线电或事先约定的其他警报系统进行联系，通知下游地方政府，防汛部门组织防汛抢险和群众安全转移。

5. 校核、审核和资料保管制度

水库调度管理工作中的各项记录、技术资料、原始数据，如水位、入库流量、发电量、雨量、蒸发、渗漏、泥沙以及各兴利部门的用水量计算，统计的资料以及发布的预报，收发报数字等均应由不同的人进行校核。计算者与校核者均须签名以示负责。

对于年度、汛期、供水期季（月）的调度计划，水库参数、水文特性的修改报告；水库调度总结，各种预报方案；重要技术文件以及有关方针原则的其他问题都必须经过厂、局领导的审核后报送有关单位。

水库调度中所有技术资料的原始数据，水库运行调度中各种技术措施，调度方案，短期洪水预报及中、长期径流预报成果，调洪计算成果，发电量及机组利用小时数等一般是在月末及年末分别整理汇编，并要及时刊印归档，技术档案要专人保管。

6. 总结制度

为了评定水库运行调度效益和不断提高调度水平，应建立水库调度工作总结制度。总结工作一般可在汛后或年末进行，其主要应包括以下内容。

（1）水库调度工作总的概况和评价，水库调度基本情况和特点，取得的成绩，存在的问题，今后应吸取的教训等。

（2）水文气象预报情况，预报成果，预报误差评定及水情工作情况。

（3）本年度在处理防洪和兴利、发电用水与工业和农业用水之间的矛盾的情况。

（4）水库调度主要经验、教训、体会及对今后水库调度的改进意见。

除年度水库调度总结外，还可以编制阶段性水库调度总结或业务管理工作的专题总结。其内容、要求可根据工作需要及上级要求确定。

第四节　水库运行调度的实施方法

水电站水库调度的具体实施方法有单纯按调度图调度和水库预报调度两种方法。

一、单纯按调度图调度

单纯按调度图调度实质上也是一种预报调度，是依据过去径流资料进行的一种径流统计预报调度。因为调度图是根据以往的径流资料编制的，它综合反映了各种可能来水情况下的水库调度规则，也就是说，这种方法是在考虑径流统计规律的基础上的水库调度，由于调度图已预先绘好，因此，运行中可只根据面临时段初水库蓄水在调度图上所处的位置来决定水库和水电站应如何工作，即按与库水位相应的指示出力（或供水流量）工作。按这种方法进行水库调度能较好地满足各方面的要求，获得一定的运行效益。但是由于没有考虑未来一定时期预报径流的大小，因而在调度中有时可能产生不必要的弃水；有时又可能因水量不足使得水电站及其他部门的正常工作遭受不应有的破坏，从而影响水库运行调度效益的充分发挥。所以为避免或减少由于单纯按调度图调度所出现的问题，有条件时，应尽量开展水库预报调度。

二、水库预报调度

1. 开展预报调度的必要性

我国已修建的大中型水库，不少都已开展了水文气象预报工作，利用预报来指导水库调度是有很大实际意义的。预报调度既考虑了当时的库水位情况，又考虑了未来来水情况，把安全和经济两者有效地结合起来，增加了预见性，提高了安全感，使防洪、兴利等部门矛盾能得到较好的协调，最大可能地发挥水库的综合效益。特别是短期洪水预报是根据已经降落到地面的暴雨实情来预报洪水过程，因此精度比较高，即使预见期短，也很有实际意义。利用短期洪水预报可以预先知道即将发生的洪水的洪峰、洪量及其过程，就能及时采取预先加大泄量或拟定紧急防汛措施，增加抗洪能力；可以根据预报的水库下游的洪水过程及时关闭或减少泄量与下游洪水错峰，减轻洪水危害。短期洪水预报还能及时拦蓄洪水尾巴，增加兴利蓄水，减少弃水。由于短期天气预报，一般做出 24h、48h 预报也有一定精度，因而在水库洪水调度时，降水量预报是一个主要的参考依据，可以作为水库调节下泄流量和库水位的参考依据，必要时也可以作为预泄依据，这对确保大坝的安全，减轻下游洪水灾害能起到一定的作用。

随着水文气象预报水平的不断提高和预报调度理论方法的日益完善，预报调度的效益将更加明显。所以，为提高水库的综合利用效益，水库有必要开展预报调度工作。

2. 利用预报进行洪水调节

综合利用的水利枢纽，其主要任务基本上可分为防洪与兴利两大部分。然而，这两大任务却存在着一定的矛盾。防洪要求水库在汛期内保持低水位，而兴利则要求水库尽量保持高水位。因此，利用预报进行洪水调节是有效改善这一矛盾的较好途径。采用预报进行洪水调节的目的在于减少预留防洪库容，使预留防洪库容加上前期预泄库容能将设计洪水削减到下游河道允许泄量以下，同时又易于在汛末抓住洪水尾巴充满水库，增加汛末蓄水量。

洪水预报调度分为预泄与回蓄两个阶段。预泄是在洪水到来之前，提前加大泄量，腾空部分库容，以供后期拦蓄洪水减少下泄流量，降低最高库水位。预泄流量大小对于防洪来说，应尽可能加大些，但要保证水库的回充蓄水和不超过下游防洪控制点的允许泄量。

为了增加兴利效益，预报预泄要尽量与发电结合，在水库达到或接近限制水位的情况下，为了减少弃水，增加发电量，提前采取发电预泄，水轮机以最大过水能力为限的最大预想出力发电。

无论哪种预泄，均必须保证在洪水过后，水库能回充蓄满（起码保证回充至预泄前的水位，甚至略高些）。因此，拟定预泄流量应按照预报偏小值，这样比较安全可靠，尤其对于预报精度差和调节性能较好的水库更为重要。

3. 长、中、短期预报相结合

当前水文气象预报精度不高，虽然对未来的径流尚不能做到完全正确的预测，但仍有一定的精度，特别是短期洪水预报精度较高，如果以长、中、短期预报相互配合，不断修正，在防洪与兴利方面可以收到较好效果。

长期预报是指 1 个月以上的水文气象预报，年和月的来水量预报是水库制定长期运行调度计划的一个重要依据。根据年来水量的定性预报及年内各月来水量的分配，结合实际运行库水位，制定出各月和年的调度计划。各月的水库调度再根据当月来水量的预报和当时实际库水位，逐月修正水库运行调度计划，调整各月的控制水位。

中期预报是指对流域 5～10d 平均降雨量和入库流量的预报，中期预报是根据近期气象因子结合洪水预报和流域退水规律作出的，其精度较长期预报高，所以中期预报是调整调度计划的主要依据，使水库的运行计划更切合实际。在汛末，又可以根据中期预报掌握水库蓄水时机，蓄满水库，增加供水期的兴利效益。

短期洪水预报，可以预报出一次降雨产生的洪峰、洪量及洪水过程，预报精度较高。在库水位接近或达到汛限水位，洪水预报结果是作为水库调节的重要依据，用以确定洪水调度方案。

目前在中长期水文预报准确性还不够高的实际情况下，长、短期预报应该互相结合，取长补短，制定的计划应留有余地，由于中长期预报值与实际值不可能完全一致，产生误差是客观存在的，所以在实施调度计划时，应按长计划、短安排，不断地调整的原则，随时掌握具体情况，加强计划用水。当来水比计划偏少时，若不及时减少发电出力，库水位将很快消落，以致损失水头并影响其他兴利效益；当来水比计划偏大时，若不及时加大发电出力，库水位将很快上涨，以致发生弃水，损失电能。所以水库运行调度，利用中、长期预报编制了年度季度计划后，在执行中应根据月、旬预报进行修正和调整，最后根据短期预报及当时库水位情况安排水电站运行方式。这种长、中、短期预报相结合的调度方式既可以避免由于预报失误而带来的损失，又可以提高水量和水头的利用率。

4. 预报与调度图相结合

水库调度图是利用径流时历特性资料或统计特性资料，按水库运行调度总原则编制的一组控制水库运行的调度线，结合水库的防洪调度线，即组成水库调度图。在目前对未来天然径流不能准确预知的情况下，按水库调度图运行能使水库运行有较好的可靠性和经济性，防洪与兴利之间的矛盾得到一定程度的解决，在满足一定防洪要求的基础上较大地发挥兴利效益。但在来水偏丰的年份，特别是汛期来水集中时，按调度图运行往往会造成较多的弃水损失，因此在应用调度图时应与水文气象预报相结合。

结合调度图的预报调度，是根据水库当时蓄水位的高低，并考虑未来一定时段内预报径流值的大小来进行水库调度。首先，应根据年初预报的各月来水分配过程，按调度图以时段（旬或月）末水位控制操作计算，编制年预报调度过程线，再根据预报上、中、下限位，编制 3 条预报调度线。然后，在运行过程中，再根据预报，长套中、中套短的原则不断修正调度线。如考虑该时段的径流预报，应按时段末水位控制调度，若时段末水位终于上、下限预报调度线时，则按相应的预报出力工作，若该水位落于下限预报调度线以下时，则以原调度图指示的出力控制工作。如果运行一定时间后，发现面临时段初的水位与原预报调度线偏离较大时，则说明前一时期径流的实际出现值与该时期的预报值之差与原拟定预报误差偏离也较大，因而必须对以后各时期运行计划及预报调度线进行修正。运行中一般将靠近面临时刻的面临时期（可取 1—3 月）作为径流的修正预报期。修正计算时，面临时期的来水取该时期的修正预报值，面临时期以后至计划年度末的余留时期的来水仍按年初预报来水，即可按调度图以时段（可取旬或月）来水量控制操作计算，得到面临时刻以后的修正兴利计划及相应的水库修正预报调度线。调度计划修正后，以修正预报调度线为根据，进行实际操作调度。

在目前对兴利调度中考虑中长期预报应采取"不可不信，不可全信""大胆使用，留有余地"的原则，并争取与气象部门实行联合，互通情报，及时处置。例如丰满水库曾规定在采取汛前大发电措施的同时，6 月末库水位应不低于多年平均值 250m，7 月末不低于 255m，而且当实际水库入流量较大时，加大发电后库水位仍处于稳定和上升的趋势，这样即使预报有所失误，及时稍加调整发电，即可恢复水库的正常运行，不会造成严重的后果。

第五节 水库的生态调度

在水库的优化调度中一直是围绕防洪、发电、灌溉或者航运效益的最优化来进行研究的，然而随着时代的发展和社会的进步，人们开始反思，长期以来水电站及水库在发挥兴利功能的同时，大规模的水利水电工程建设也对河流生态造成了一定的破坏，水库的优化调度中不可避免地出现了以生态为目的的优化调度，在水库优化调度中需要考虑的环境因素也越来越多，故编者引用长江水利委员会蔡其华主任在改进水库调度修复河流下游生态系统研讨会上的发言，使读者对优化调度中的生态调度这一概念有具体的实例认识。

长江流域已建成大中小水库 4.4 万多座（其中大型水库 109 座），总库容 1180 亿 m^3。做好水库调度工作，对全流域水资源的综合开发利用和生态与环境的保护，具有重要意义。

一、现行水库调度方式及存在的问题

目前，我国的水库调度主要是围绕防洪、发电、灌溉、供水、航运等综合利用效益所进行的。依据水库既定的水利任务和要求而制定的蓄泄规则，就是我们通常所说的水库调度方式。长江流域现行水库调度方式主要分为两大类，即防洪调度与兴利调度。防洪调度的主要任务是确保水库大坝安全和处理防洪与兴利的矛盾。对不承担下游防洪任务的水库而言，防洪调度的主要任务是在确保水库大坝安全的前提下，充分发挥水库兴利效益；对承担有下游防洪任务的水库，防洪调度的主要任务，是在确保水库大坝安全的前提下，处理好防洪与兴利之间的矛盾，通常采用的调度方式有固定下泄（一级或多级）、补偿调节、预报预泄等，汛限水位是处理防洪与兴利矛盾的基本特征水位。兴利调度一般是在非汛期，按照水库所承担兴利任务的重要程度，合理分配水资源，谋求经济效益最大化的调度方式，按照工程任务一般分为发电调度、灌溉调度、供水调度等类型。

以丹江口水利枢纽为例，其初期规模的综合利用任务为防洪、发电、灌溉、航运、养殖。大坝加高后水库调节能力及承担各项水利任务的能力将有较大的改善和提高，其水利任务将调整为防洪、供水、发电、航运。丹江口水库现状及大坝加高后，洪水调度方式均为预报预泄、补偿调节、分级控泄；兴利调度现状按水利任务主次，依据水库调度图进行控制运行。大坝加高后，丹江口水库按发电服从调水、调水服从生态的原则拟定控制水位和调度规则，在满足水源区用水发展要求的前提下，尽可能多调水，并按库水位高低和来水情况，分区进行调度，大水多调，小水少调。

现行水库的管理制度和调度运行模式的主要任务是，处理、协调防洪和兴利的矛盾以及兴利任务之间的利益。从河流生态系统保护的角度看，现行调度方式存在的主要问题：一是大多数的水库调度方案没有考虑坝下游生态保护和库区水环境保护的要求。目前一些大型水电站在进行调峰调度运行时以及支流中开发的引水式水电站，往往只重视发电效益，忽视了坝下游生态保护的要求，如电站在调峰运行和引水发电时，导致坝下游出现减水河段，甚至脱水河段，使坝下游水生物（尤其是鱼类）的生存环境遭受极大破坏，一些减水和脱水河段的生物多样性遭受严重破坏，直接威胁坝下游水生态的安全；由于水库对下泄流量的调节作用，也可能引起水库下游局部河段出现水体富营养化。二是受水库调度运行的影响，也会引发库区局部缓流区域或支流回水区出现水体富营养化，甚至"水华"现象的发生；水库消落带的利用与水库的调度运行不协调，可能造成消落带利用而污染水库水质。三是缺乏对水资源的统一调度与管理。目前长江上游干支流水电开发基本进入全面开发的状态，一些工程规模大、调节性能好、综合利用效益大的控制性水利枢纽工程正在加快建设。这些枢纽工程建成后，如果仍采用目前的调度与管理模式，各发电公司仅按枢纽各自的任务进行调度运用，势必会造成对水资源统一调度的不利，不仅会影响流域梯级水库整体的综合利用效益，而且还会导致生态与环境等一系列影响。例如，如果长江上游干支流水库同步蓄水、放水，下游河道水量大幅减少或增加，将对长江中下游的生态与环境产生较严重的影响。

从三峡水库调度运行面临的问题和沱、岷江流域梯级开发及水库调度存在的主要问题，可以更加清楚地看到现有水库调度方式存在的问题。

（一）三峡水库调度运行面临的问题

三峡水库首先考虑的是防洪，其次考虑发电和航运，坝下游生态保护和库区水环境保护将面临许多新的问题。一方面，在三峡水库泄水运行过程中，每年4月底至5月初，由于三峡水库坝前存在水温分层，水库升温期下泄水较天然情况的水温低，将会使坝下游"四大家鱼"的产卵时间推迟约20天；同时，三峡水库的削峰作用，也直接影响"四大家鱼"的产卵量，可能导致中下游"四大家鱼"的产量下降；水库泄洪时，可能使下泄水流中造成氮气过饱和，使坝下游鱼类（尤其是鱼苗）发生"气泡病"；水库的清水下泄，影响和改变了中下游的江湖关系，也相应地影响了中下游的水生态环境。另一方面，在三峡水库蓄水运行过程中，支流回水区受水库回水顶托的影响，在局部缓流区域可能会出现水体富营养化，甚至"水华"（如135m蓄水过程中香溪河发生的"水华"）；随着水库蓄水位抬高，水库消落带的利用，也可能影响水库水体的水质。

（二）沱江流域水库调度存在的问题

沱江干流总长达600多km，经成都、资阳、内江、泸州后注入长江，流域面积约2.7万km²。两岸人口密集、工业企业众多。由于缺乏有效环境管理，沱江接连出现了两次严重污染事件，污染事件发生后紧急实施跨流域调水——通过都江堰和三岔水库分别调水5000万m³和500万m³为沱江冲污，调水流量甚至大于沱江上游来水。但在调水冲污过程中，由于对沱江干流的石桥、沱江、南津绎等梯级水电站缺乏统一调度与管理，污水团下泄缓慢，调水冲污效果并不理想。这一事件充分暴露了电调与水调的矛盾，暴露了企业在处理经济利益与生态保护中的局限性，也暴露出管理制度的薄弱。

（三）岷江流域水库调度存在的问题

岷江干流除在建电站紫坪铺和支流在建狮子坪电站外，目前干、支流上已建的其他水电站均采用引水式开发，各水电站为了获取最大的发电效益，尽量引水发电，基本不考虑河道内生态用水，导致干流约80km、支流约60km的河段出现时段性脱水。铜钟电站以上的茂县境内，断流现象十分突出，河道干涸，在40km的河段内，干涸河段长17km，占河段长度的42%。岷江上游干流和主要支流原生的近40种鱼类，包括国家二级保护鱼类虎嘉鱼，由于河流减水或断流，河床萎缩或干涸，直接影响鱼类的繁衍和生存，鱼类数量和种群急剧下降，许多河段生物多样性丧失殆尽。20 世纪 80 年代以后，茂县以下河段虎嘉鱼已绝迹，曾是杂古脑河和岷江上游主要经济鱼类的重口裂腹鱼，也很少发现。此外，在脱水、断流河段，河床大部分甚至全部裸露，乱石堆积，两岸植被萎缩，河床出现沙化，在汛期大水时，易形成含沙高的洪水，加剧下游河道的淤积。

此外，岷江上游地区比较好的土地多集中于河道两岸，农田灌溉主要依靠抽、引岷江水灌溉。由于部分河段出现脱流或减水，使河流两岸农田的灌溉水源无法保证。

综上所述，一方面长江流域水资源和水力资源丰富，目前总体开发利用程度不高，开发利用潜力巨大，随着我国社会经济发展对水资源和能源要求的提高，长江流域的水资源和水力资源的开发利用，必将进入一个快速发展阶段。另一方面，现行的水库调度方式主要是处理、协调防洪和兴利的矛盾以及兴利任务之间的利益，对水库下游生态保护和库区水环境保护重视不够，对生态与环境造成一定的负面影响。这就要求我们把生态调度纳入水库调度统一考虑，努力提高防洪、兴利与生态协调统一的水库综合调度方式。

二、完善水库调度方式的基本思路和对策措施

完善水库调度方式的基本思路是：牢固树立和认真落实以人为本，全面、协调、可持续的科学发展观，以维护健康长江、促进人水和谐为基本宗旨，统筹防洪、兴利与生态，运用先进的调度技术和手段，在满足坝下游生态保护和库区水环境保护要求的基础上，充分发挥水库的防洪、发电、灌溉、供水、航运、旅游等各项功能，使水库对坝下游生态和库区水环境造成的负面影响控制在可承受的范围内，并逐步修复生态与环境系统。

（一）充分考虑下游水生态及库区水环境保护

水库的调度运用对生态与环境造成的不利影响不可忽视。根据目前长江流域水库的管理和调度现状，研究认为，在现有的调度方式中，根据各水库的实际情况可以通过下泄合理的生态基流（最小或适宜生态需水量），运用适当的调度方式控制水体富营养化、控制水体理化性状与水华暴发、控制河口咸潮入侵等，以达到减少或消除对水库下游生态和库区水环境不利影响的目的。

1. 确定合理的生态基流

生态基流要根据坝下游河道的生态需水确定。生态需水是指维系一定环境功能状况或目标（现状、恢复或发展）下客观需求的水资源量。确定河流生态需水量，是保护河流生态系统功能的有效措施。河流生态需水量的确定，应根据河流所在区域的生态功能要求，即生物体自身的需水量和生物体赖以生存的环境需水量来确定。河流生态需水量，不但与河流生态系统中生物群体结构有关，而且还应与区域气候、土壤、地质和其他环境条件有关。

水资源开发利用程度的不断提高，使得水资源利用与生态用水的矛盾在全球范围内都很突出，但生态流量大小的选取论证，目前尚缺乏比较完善、成熟的方法。美国、法国、澳大利亚等国家都先后开展了许多关于鱼类生长繁殖与河流流量关系的研究，提出了河流最小生态（或生物）流量的概念和计算方法，如湿周法、河道内流量增加法、Montana 法等。对于最小河流生态用水，有些国家干脆做出强制性规定，例如，法国规定最小河流生态用水流量不应小于多年平均流量的 1/10，对多年平均流量大于 $80m^3/s$ 的河流，最低流量的下限也不得低于多年平均流量的 1/20。我国根据河流所处的地区，也提出了确定河流生态流量的不同方法。根据长江流域水资源综合规划的要求，长江流域河道生态基流可根据多年径流量资料，一般采用90%或95%保证率的最枯月河流平均流量。

根据生态基流控制水库下泄流量的措施多种多样，最经济的方法是设定在一定的发电水头下的电站最低出力值。通过电站引水闸的调节，使发电最低下泄流量不小于所需的河道生态基流，以维持坝下游生态用水。

2. 控制水体富营养化

水库局部缓流区域水体富营养化的控制，可通过改变水库调度运行方式，在一定的时段内降低坝前蓄水位，使缓流区域水体的流速加大，破坏水体富营养化的形成条件；或通过在一定的时段内增加水库下泄流量，带动水库水体的流速加大，达到消除水库局部水体富营养化的目的。另外，对水库下游河段也可通过在一定的时段内加大水库下泄量，破坏河流水体富营养化的形成条件；或采取引水方式（如汉江下游的"引江济汉"工程），增加河流的流量，消除河流水体的富营养化。

3. 控制"水华"暴发

可通过不同的调度方式，充分运用水动力学原理，改变污染物在水库中的输移和扩散规律以及营养物浓度场的分布，从而影响生物群落的演替和生物自净作用的变化。可利用水库调度对水资源配置的功能，蓄丰泄枯，增加枯水期水库泄放量，从而显著提高下游河道环境容量，改善水质。目前，汉江下游枯水期2月前后频繁暴发"水华"，随着丹江口水库大坝加高，调蓄能力增强，以及引江济汉联合调度，可增加汉江下游2月前后的河道流量，从而有效缓解汉江下游水体富营养化现象，控制蓝藻"水华"的暴发。

4. 控制咸潮入侵

长江口属于受上游来水和口外咸潮入侵双重影响的敏感水域，上游来水和咸潮入侵直接关系到这一水域的生态安全。长江口盐水入侵是因潮汐活动所致的、长期存在的自然现象，一般发生在枯季11月至次年4月，其距离因各汊道断面形态、径流分流量和潮汐特性不同而存在较大差异。南支河段有两个盐水入侵源，即外海盐水经南北港直接入侵和北支向南支倒灌，北支倒灌是南支上段水域盐水入侵的主要来源。

三峡工程是长江干流上骨干水利枢纽工程，水库具有较大的调节库容，按设计的调度运用方式，可增加长江中下游干流枯季流量1000～2000m³/s，对改善长江口枯季咸潮入侵的作用明显。但在三峡水库蓄水期，有一定的不利影响。水库调度在满足原定防洪、发电、航运等基本要求的前提下，可适当改变调度运行方式，以减少在10月三峡工程蓄水期对咸潮入侵的不利影响。通过初步研究，可以考虑在不影响重庆河段输沙的条件下，适当延长三峡水库蓄水期，则可减少10月的蓄水量，对长江口的影响便可明显减轻。在此基础上，还可以研究应急调度运用方式，如果长江出现了特枯水，长江口咸潮入侵形势特别严峻时，可视必要加大发电流量，以缓解这一关系到长江口地区可持续发展的重大问题。

（二）充分考虑水生生物及鱼类资源保护

水库形成后，一方面产生了一些有利于部分水生生物繁衍生息的条件，其种类和数量会大幅度增加，生产力将提高。另一方面，水库对径流的调节作用，使库区及坝下河流水文情势和水体物理特性发生变化，对水生生物的繁衍和鱼类的生长、发育、繁殖、索饵、越冬等均会产生不同程度的影响，如库区原有的急流生境萎缩或消失，一些适宜流水性环境生存和繁殖的鱼类，因条件恶化或丧失，种群数量下降，个别分布区域狭窄、对环境条件要求苛刻的种类甚至消失；大坝阻隔作用使生境片段化，影响水生生物迁移交流，导致种群遗传多样性下降；水库低温水的下泄，对坝下游水生动物的产卵、繁殖具有不利影响；由于水库泄洪水流中进入了大量的氮气，使下泄水体中氮气过饱和，可能导致坝下游鱼类（尤其是鱼苗）发生"气泡病"。可采用以下调度措施减小或消除这些不利影响。

1. 采取人造洪峰调度方式

水库的径流调节使坝下河流自然涨落过程弱化，一些对水位涨落过程要求较高的漂流性产卵鱼类繁殖受到影响。根据鱼类繁殖生物学习性，结合坝下游水文情势的变化，通过合理控制水库下泄流量和时间，人为制造洪峰过程，可为这些鱼类创造产卵繁殖的适宜生态条件。鉴于三峡工程对长江荆江段"四大家鱼"产卵场的不利影响，目前正着手进行"人造洪峰"诱导鱼类繁殖技术的研究与实践。

2. 根据水生生物的生活繁衍习性灵活调度

水库及坝下江段水位涨落频繁，对沿岸带水生维管束植物、底栖动物和着生藻类等繁衍不利。特别是产黏性卵鱼类繁殖季节，水位的频繁涨落会导致鱼类卵苗搁浅死亡。因此，水库调度时，应充分考虑这些影响，尤其是产黏性卵鱼类繁殖季节，应尽量保持水位的稳定。我国很多渔业生产水平比较高的水库，在水库调度中都采取了兼顾渔业生产的生态调度措施。如黑龙江省龙凤山水库在调度上采取春汛多蓄，提前加大供水量的方式，然后在鱼类产卵期内按供水下限供水，使水库水位尽可能平稳，取得了较好的效果。

3. 控制低温水下泄

水库低温水的下泄严重影响坝下游水生动物的产卵、繁殖和生长。可根据水库水温垂直分布结构，结合取水用途和下游河段水生生物生物学特性，利用分层取水设施，通过下泄方式的调整，如增加表孔泄流等措施，以提高下泄水的水温，满足坝下游水生动物产卵、繁殖的需求。

4. 控制下泄水体气体过饱和

高坝水库泄水，尤其是表孔和中孔泄洪，需考虑消能易导致气体过饱和，从而对水生生物、鱼类产生的不利影响，特别是鱼类繁殖期，对仔幼鱼危害较大，仔幼鱼死亡率高。水库调度可考虑在保证防洪安全的前提下，适当延长溢流时间，降低下泄的最大流量。如有多层泄洪设备，可研究各种泄流量所应采用的合理的泄洪设备组合，做到消能与防止气体过饱和的平衡，尽量减轻气体过饱和现象的发生。此外，气体过饱和在河道内自然消减较为缓慢，需要水流汇入以快速缓解，可以通过流域干支流的联合调度，降低下泄气体中过饱和水体流量的比重，减轻气体过饱和对下游河段水生生物的影响。

（三）充分考虑泥沙调控问题

长江是一条泥沙总量大的河流，在长江上修建水库，库区泥沙淤积与坝下游河床冲刷的调整，以及由此带来一系列的问题，是建库后的自然现象，无法避免。泥沙冲淤对防洪、发电、航运、生态等影响，是检验水利枢纽工程泥沙问题处理得成功与否的一个重要标志。水库的泥沙调度，须结合水库的综合利用、目的和水库本身的具体情况，全面考虑，慎重对待。

长江流域的河流一般水大沙多，且来水来沙量多集中在汛期，为减小库区泥沙淤积，长期保留水库大部分的有效库容，充分发挥工程的综合效益，一般采用汛期结合防洪降低库水位以排沙，非汛期蓄水抬高水位以兴利的"蓄清排浑"的水库调度方式运用，通过这种调度措施可在很大程度上减少泥沙冲淤带来的不利影响。

水库泥沙淤积将直接造成库容的损失、库尾段的淤积，会引起库尾水位的明显抬高、变动回水区航道与港口的运行安全等问题。通过采用"蓄清排浑"、调整运行水位以及底孔排沙等调度方式，可有效减少泥沙淤积和改善变动回水区的航运条件。如长江三峡水库属于河道型水库，滩库容相对较小，来水来沙量集中在汛期，大量水量需要下泄，水库正常调度采用 175m—145m—155m 方案，在水库运行 100 年后，库区泥沙淤积基本平衡，但可仍保留防洪库容约 86%，保留兴利调节库容约 92%。而采用"蓄清排浑"的调度方式运用，可有效地减少泥沙在库尾段的淤积，水库运用 100 年后，长寿以上的淤积量只约占总淤积量的 3.6%左右。

水库的调蓄改变了天然河流的年径流分配和泥沙的时空分布，汛期洪峰削减，枯季流量增大，大量泥沙在库区淤积。坝下游河道将发生沿程冲刷，同时因流量过程调整，下泄沙量减少，河势将发生不同程度的调整。河床冲刷及河势调整对防洪与航运带来一定程度的影响。河床冲深，降低洪水位，增加河槽的泄洪能力；年内径流分配的调整，有利于浅滩航槽的改善。但在河势调整过程中，可能危及防洪大堤与护岸工程的安全，也可能出现局部浅滩恶化。水库可按"蓄清排浑"、调整泄流方式以及控制下泄流量等方式，通过调整出库水流的含沙量和流量过程，尽量降低下游河道冲刷强度，减少常规调度情况出库水流对下游河道冲刷范围并延缓其进程，以减小不利影响。

（四）充分考虑湿地保护需要

长江中下游为我国淡水湖泊湿地的集中分布区，河口地区在海陆交界处分布有大面积的滩涂湿地。长江流域水资源和水力资源开发利用，将会引起长江中下游及河口水文泥沙条件的变化，进而对洞庭湖、鄱阳湖和河口等湿地结构和功能产生一定影响。水库对湿地的影响产生的根本原因，是水库改变了天然河流水沙特性，造成天然湿地水沙补给规律的改变。因此，水库的调度应根据长江中下游湿地的特点，从保护湿地的角度，可通过对水库下泄流量和含沙量做季节性调整等措施，减小水库对湿地的影响[48]。

本 章 小 结

本章主要介绍了水库运行调度的实施，详细阐述了水库调度方案编制的依据和步骤，以及年运行调度计划的编制方法，介绍了水库调度的相关规程和工作制度，说明了具体实施水库调度的两种方法：单纯按调度图调度和水库预报调度，最后引用长江水利委员会蔡其华主任在改进水库调度修复河流下游生态系统研讨会上的发言，使读者对当今前沿的生态调度方向有一定认识。

思 考 题

1. 何谓水电站水库调度方案与年度计划？二者关系如何？试述调度方案编制的基本

依据、内容及一般步骤。

2. 试述水电站及水库年度运行调度计划制定的内容与步骤。

3. 试述水库规程与制度的内容有哪些。

4. 试述水库单纯按调度图调度和水库预报调度的实质，如何结合调度图进行预报调度？

5. 查阅相关论文资料，谈谈你对水利水电工程生态调度的理解与看法？

第八章　水利水电工程可持续利用

　　20 世纪六七十年代以后，随着公害问题的加剧和能源危机的出现，人们逐渐认识到把经济、社会和环境割裂开来谋求发展，只能给地球和人类社会带来毁灭性的灾难。源于这种危机感，可持续发展的思想在 20 世纪 80 年代逐步形成。1983 年 11 月，联合国成立了世界环境与发展委员会（WECD）。1987 年，受联合国委托，以挪威前首相布伦特兰夫人为首的 WECD 的成员们，把经过 4 年研究和充分论证的报告《我们共同的未来》提交联合国大会，正式提出了"可持续发展"（Sustainable Development）的概念："既满足当代人的需求又不危害后代人满足其需求的发展。"[49] 这个概念从理论上明确了发展经济同保护环境和资源是相互联系、互为因果的观点。

　　可持续利用，就是对可更新资源以不导致环境及资源退化为前提，进行科学地、适当地利用。水资源可持续利用是可持续发展观在水资源开发利用中的体现，其目标是根据可持续发展理论，依托于生态、经济系统之中，支持和维护自然-社会的持续发展；其中心任务是开发利用水资源、保护环境、发展经济，永续地满足当代人和后代人发展用水的需要。水资源可持续利用是通过水资源可持续规划和管理来实现的。水利水电工程可持续利用即是在水利水电工程运行、维护的过程中，科学地运用可持续发展观，使水利水电工程维持在一个稳定的状态，并良好地、可持续地运行下去。

第一节　水利水电工程可持续利用规划管理

　　水利水电工程规划管理指的是通过水利水电工程规划的编制和组织实施，对各项水事活动进行控制、对不同的水利水电工程功能进行协调和管理，实现政府的水资源管理目标，对水利水电工程起着指导性的作用。一个好的水利水电工程规划，能够在系统考虑未来变化的基础上科学指导未来的水利水电工程运行，并作为一条主线将各方面的工作联系成一个有机的整体。本节将介绍水利水电工程规划管理的概念和特点，回顾我国水利水电工程规划管理的发展历程，并对我国未来水利水电工程规划管理进行展望，研究探讨水利水电工程规划管理的工作流程和内容以及水利水电工程规划的技术方法。

一、水利水电工程规划管理概述

（一）水利水电工程规划管理的概念和特点

　　水利水电工程规划的概念是人类在漫长的历史长河中通过防洪、抗旱、供水等一系列的水事活动逐步形成的理论成果，并且随着人类认识的提高和科技的进步而不断得以充实和发展。水利水电工程规划是以水利水电工程可持续利用为目标，对实现目标的行动方案和保障措施预先进行的统筹安排和总体设计。因而水利水电工程规划管理也就是指通过规划的编制和组织实施，对各项水事活动进行控制、对不同的水利功能进行协调，从而实现政府的水利管理目标。水利水电工程规划管理的主体通常是各级水行政主管部门，编制水资源规划并组织实施是水行政主管部门的主要职责之一。水利水电工程规划管理的对象是以水资源为核心的系统，这个系统的内涵随着社会经济的发展、人们认识水平的提高在不断拓展和充实：在地理范围上从单独一条河流或一个湖泊扩大到了流域或区域内紧密联系的其他自然资源和经济资源；系统发展目标从传统的实现水量水能高效利用扩大到通过对水资源多功能的合理开发、利用、治理和保护，实现水资源、生态环境、社会经济和社会福利多方面的协调、持续发展；实现目标的措施也从单纯的工程措施扩大到工程措施和非工程措施的综合运用。如今，水利规划管理的对象已是一个涉及多发展目标、多构成影响因素、多约束条件的复杂系统，有时还要将这个系统纳入地区经济发展规划或国家社会经济发展总体规划等更大的系统范围中。

水利水电工程规划管理是一种克服水事活动盲目性和主观随意性的科学管理活动，具有 3 个基本特点。

1. 导向性

这是水资源规划管理区别于其他水资源管理活动的最重要的特性。水资源规划管理的时间取向总是未来的某个时段，描述以水资源为中心的系统在未来时段的状态（制订发展目标），提供达到该状态（实现目标）所需的方案和保障措施，从而为未来的行动指明方向。

2. 权威性

水资源规划是指导各项水资源管理工作的基础，其编制、审批、执行、修改都有一定的程序，而且规划一经批准就具有了法律效力，必须严格执行。但目前规划管理的权威性在我国还没有得到普遍认知，随意修改规划内容、规划执行不力等情况时有发生，大大削弱了规划的权威性，甚至使规划沦为一纸空文，难以发挥应有的指导作用。

3. 综合性

水资源规划管理需要处理和协调水资源系统、社会经济系统和自然生态系统 3 个系统的关系，涉及众多与水有关的利益方和管理部门，需要多学科的支持，具有很强的综合性。

（二）水利规划的类型

按照不同的分类标准，可以将水利规划划分为不同的类型。

按规划内容可以划分为综合规划和专项规划。综合规划是站在水资源-生态环境-社会经济整体系统的高度，统筹考虑规划区域内与水资源有关的各种问题而进行的多目标规划。专项规划则是针对某一专门水资源问题进行的水资源规划，如防洪规划、治涝规划、水力发电规划、水质保护规划、水利工程规划、航运规划、水土保持规划等。综合规划是专项规划的基础，专项规划是综合规划的深入和细化，两者相辅相成，不可或缺。

按规划范围可以划分为跨流域水利规划、流域水利规划和地区水利规划。跨流域水利规划范围最大，是以一个以上的流域为对象，以跨流域调水为目的的水利规划，其规划考虑的问题要比单个流域规划更广泛、更深入，既需要探讨由于水资源的再分配可能对各个流域带来的社会经济影响、环境影响，又需要探讨水利水电工程的可持续性以及对后代人的影响及相应对策。流域水利规划是在水资源自然形成的基本单元——江河流域范围内进行的水利规划，按照流域大小又可分为大型江河流域规划和中小型江河流域规划，不同的流域水利规划，其复杂性和规划重点也各不相同。地区水利规划通常是在行政区或经济区范围内进行的水资源规划，在做地区水利规划时，既要把重点放在本地区，同时又要兼顾流域或更大范围的水利规划要求。

按规划期可以划分为长期规划和近期规划。对全国水利规划、大型江河流域水利规划等范围较大的水利规划而言，长期规划的规划期通常为 20～30 年或更远一些，即与国家战略规划、国土规划等的规划期一致，以利于水利长期规划的实施，近期规划则为 10～15年。对小范围的水利规划，规划期则根据不同情况略短一些，这些水利规划指导水利水电工程规划的制定。

（三）水利规划管理的作用

水利规划管理是一个预先筹划的过程，是一切管理活动的起点和基础，其作用突出体现在以下 3 个方面。

1. 减少不确定性带来的损失

气候变化等自然因素和社会经济发展、用水量增加、用水方式变化等人为因素都会导致人类所面临的水资源条件发生变化，并使其变化过程和方向充满不确定性，增加了各种水事活动的风险和成本。但这些不确定性并非是完全不可控的。水资源规划管理通过科学地、系统地、审慎地预测未来变化，发现潜在冲突与问题并掌握有利的机会，从而有目的地对各种与水资源有关的人类活动进行控制、预定行动方案，能够有效地降低不确定性带来的损失，做到趋利避害。当然，未来的变化是复杂的，不确定性也总是存在，不可能做出精确的预测，因此，水资源规划管理应当是一个连续的过程，规划的编制要求具有一定的弹性，能够根据实际情况的变化不断进行调整。

2. 使政府宏观调控意图更明确、更规范

尽管市场已经成为资源配置的主要手段，但对水资源等基础性、公益性资源而言，单凭市场的作用难以实现可持续利用，适当的政府调控仍然必不可少。规划是除法律以外最重要的规范政府宏观调控工作的文本，而且与法律相比，规划更为具体和明确，针对性更强。水资源规划中设定的目标是衡量和评价政府管理水资源工作的标准；规划中给出的实现目标的措施、方案又为政府管理水资源的工作提供了可操作的、更实际的规定和安排，使政府能够直接地对各种水事活动和各利益相关方的矛盾进行调节；规划目标和规划方案还会进一步影响到政府的组织结构和领导方式。

3. 促进各方的理解和合作

在编制水资源规划的过程中，需要搜集各方面的信息，了解政府、企业、居民和社会团体等各利益相关方的要求和意向，协调其矛盾和冲突。这个过程为各方创造了相互沟通、交流的机会，能够促进彼此的理解。完成后经过审批的水资源规划，则为各方提供了共同的行动目标和实现目标的合作方案，使其能够明确在以水资源为核心的系统整体中各自的角色、作用和任务，从而有效地避免分散决策和行动带来的冲突、重复和低效率。

二、我国水利规划管理的回顾与展望

（一）我国水利规划管理的发展历程

我国水利规划管理的历史可以追溯到春秋战国时期。邗沟、鸿沟、都江堰等重要水利工程的兴建体现了早期人们根据需要，利用工程措施统一规划、调度水资源的思想。秦代"决通川防，夷去险阻"，统一整治黄河下游各段堤防，体现了全面规划原则，是规划思想上的重大进展。随着各种用水、治水、管水实践的深入展开，水资源规划管理的范围、内容也不断扩大，逐渐向全面性、综合性发展。但总的来说，早期的水资源规划管理不系统，规划资料不完备，规划理论、方法也远未成熟。与世界上其他国家一样，我国的水资源规划管理也是直到 20 世纪 30 年代，在数学等其他基础科学取得长足发展的基础上才进入了有科学理论指导、有先进技术支撑的新时期。

新中国成立以来，我国水利规划管理不但在规划理论和规划技术方法上取得了很大的进展，许多规划实践也逐步展开，可以归纳为 4 个阶段。

1. 1949 年到 20 世纪 50 年代末

我国各大江河都进行广泛充足的规划前期准备工作，整编了过去的水文资料，开展了水文测验、增设了测站，进行了流域水文的初步分析，并进行了一些地形测量、地质勘探、土壤调查和流域内某些区域、某些河段的勘察工作。在此基础上，开展了第一轮较为全面的流域水资源规划，并取得了一批重要的规划成果。黄河规划委员会于 1954 年提出《黄河综合利用规划技术经济报告》；原治淮委员会于 1956 年提出《淮河流域规划报告》、1957 年提出《沂沭泗河流域规划报告》；长江流域规划办公室于 1956 年提出《汉江流域规划要点报告》、1958 年提出《长江流域综合利用规划要点报告》；原北京勘测设计院于 1957 年提出《海河流域规划报告》、1958 年提出《滦河流域规划报告》；原沈阳勘测设计院于 1958 年提出《辽河流域规划要点报告》；原珠江水利委员会于 1959 年提出《珠江流域开发与治理方案研究报告》；原哈尔滨勘测设计院于 1959 年提出《松花江流域规划报告（草案）》。同时对重要的中小河流也进行了大量的规划工作。这一阶段的水资源规划目标主要以江河治理、防治灾害为主。

2. 20 世纪 60 年代初到 70 年代末

在前一阶段编制的流域综合规划的基础上，本阶段转入了进行近期方案和其中某些项目的工程规划，并进一步进行了某些支流、某些河段或某些专业的补充规划。如海河在 1963 年发生特大洪水后，及时对原规划做了补充修订，提出了《海河流域防洪规划报告》；淮河于 60 年代末也对原规划做了补充修订，于 70 年代初提出《治淮规划报告》。这一时期，由于对工业和农业改造的加快，水资源开发利用程度大大提高，相应地，水资源规划的目标、思路和内容也在防治灾害为主的基础上加强了水资源综合利用的内容，以开发利用结合兴利除害，强调水资源为经济社会的发展服务。但在这一阶段，由于受到外界因素的影响，一些地方规划力量有所削弱，基本资料的积累和研究分析不够，规划成果不同程度地存在着脱离实际、急于求成、盲目追求新建工程、不讲究经济效果以及规划缺乏法定约束力等弊端。

3. 20 世纪 80 年代初到 80 年代末

这是我国经济体制转变的重要时期。随着经济的发展，水资源紧缺和水污染问题日渐突出，水利的服务对象则从以农业为主逐步向为国民经济全方位服务转变。《中华人民共和国水法》（1988 年）、《中华人民共和国水污染防治法》（1984 年）、《中华人民共和国河道管理条例》（1988 年）等一系列法律、法规的出台，使水资源管理工作逐步走上了法制轨道。为适应新的形势，各流域在这一时期开展了第二轮较为系统的水资源规划。在规划思路和规划方法上也有了重大进展，强调把提高经济效益放在首位，同时也注意社会、环境的目标要求，加强水资源规划的综合性和与国土整治之间的协调。这一时期进行了一项重要的工作，即展开了第一次全国水资源评价和水资源利用规划的编制。

4. 20 世纪 90 年代初至今

随着社会经济高速发展和人民生活水平的提高，水资源短缺和水环境恶化的问题日益严峻，甚至成为我国经济社会发展的严重制约。而"可持续发展"思想的深入人心，使人们对江河防洪保安、水资源开发和综合利用、生态环境保护的要求也越来越高。水资源规划变得更为复杂，逐步从过去的工程规划为主向资源规划转变，规划工作中同时强调水利工程建设与管理制度创新，规划内容包括水资源的开发、利用、治理、配置、节约、保护和管理等各个方面，更加重视经济社会的可持续发展和生态环境的保护与改善。2002 年，新一轮的全国水资源综合规划工作全面启动，对摸清我国水资源家底、准确评价我国水资源条件和特点、解决水资源问题、科学管理水资源具有重要意义。南水北调工程总体规划也于 2002 年完成，是指导南水北调这项浩大工程科学、顺利展开的基础。

（二）我国水利规划管理的发展趋势

用水部门的不断增加，水质、水量问题的日趋严峻，水资源系统在外延和内涵上的拓展，尤其是可持续发展思想在理论和实践中的日益深入，都对水利规划管理提出了新的挑战。针对这些新的变化和目前存在的问题，我国水资源规划管理的发展趋势表现在以下几个方面。

1. 规划立足点从短期经济利益向可持续战略转变

过去以大量消耗水资源来追求经济效益最大的水资源规划，带来了水资源紧缺、水生态环境恶化等问题。可持续发展思想的提出和深入发展极大地促进了水资源规划立足点的改变，进而使规划目标、原则、评价标准等各方面都发生了变化。

2. 整合现有规划，加强综合规划的编制

应对现有层次、数量众多的规划进行系统整合，建立以全国水资源综合规划—大江、大河流域规划—地区规划—专项规划为基础的规划体系，尽量避免规划的重复性和不同规划之间的矛盾。尤其要加强综合规划的编制，在规划中考虑水质和水量、地表水和地下水、城市用水和农村用水、流域上下游和左右岸用水、水资源和其他自然资源的协调统一，以及工程措施和非工程措施的共同使用，将与水资源有关的各方面视为整体来研究，为各种专项规划的编制奠定基础。

3. 重视公众参与规划管理工作

改变过去只由领导、专家做规划的局面，促进公众参与水资源规划管理工作，尤其应给予社会弱势群体发言的机会。公众参与不仅有助于提高全社会普遍的水资源保护意识，有助于在一定程度上避免规划决策中的片面和不公平现象，还有助于规划的顺利实施。

4. 加强基础学科的研究和新技术的应用

对流域或区域水文条件、自然环境等的分析、预测是水资源规划管理的基础，因此应加强水文学、生态学等基础学科的研究。"3S"技术、决策支持系统等新技术的发展，为提高水资源规划管理的科学性和管理效率提供了更好的技术支撑，应加快其在水资源领域的推广应用。

三、水资源规划管理的工作流程和内容

尽管按照不同的标准可以将水资源规划分为不同的类型，但各种水资源规划管理的工作流程是基本一致的。水资源规划管理的工作过程通常可以分为 4 个阶段，即制定规划目标、分析现实与目标之间的差距、制定和选择规划方案、成果审查与实施。具体工作流程如图 8-1 所示。

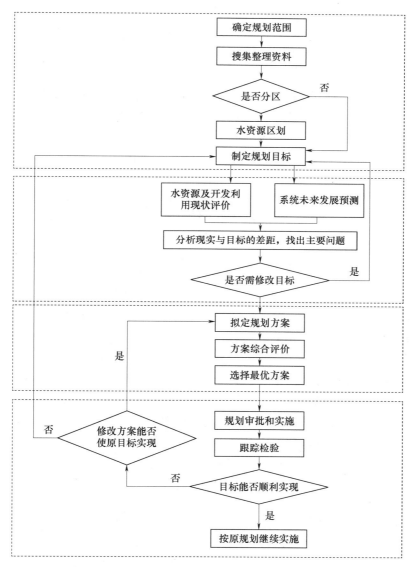

图 8-1　水资源规划管理的工作流程

按照上述规划管理的工作流程，现以流域综合规划为例对水资源规划的内容做详细的探讨。

（一）制定规划目标阶段

制定规划目标是水资源规划管理的两大核心任务之一，是展开后续工作的基础和依据这一阶段还包括搜集整理资料和水资源区划等前期工作。

1. 搜集整理资料

搜集整理资料是进行水资源规划管理必不可少的、重要的前期工作规划成果的可靠程度影响很大。

（1）流域水资源综合规划所需基础资料。流域水资源综合规划需要搜集流域自然环境资料、社会经济资料和水资源水环境资料。

流域自然环境资料：主要包括流域地理位置、地形地貌、气候与气象、土壤特征与水土流失状况、植被情况、野生动植物、水生生物、自然保护区、流域水系状况等。

社会经济资料：主要包括流域行政区划分、人口经济总体发展情况、产业结构及各产业发展状况、城镇发展规模和速度、各部门用水定额和用水量、农药化肥施用情况、工业生活污水排放情况、流域景观和文物人体健康等方面的基础资料。

水资源水环境资料：主要包括水文资料、水资源量及其分布、重要水利水电工程及其运行方式、取水口、城市饮用水水源地、污染源、入河排污口、流域水质、河流底质状况、水污染事故和纠纷等。

基础资料可以通过实地勘查和查阅文献两种途径获得。文献资料主要有相关法律法规、各级政府发布的有关文件、已有的各种规划、统计年鉴和有关数据库资料等。多数资料需要有一个时间序列，以便对流域的历史演变、现状和未来发展有一个较好的把握。时间序列的长度和具体的数据精度、详细程度要根据规划工作所采用的方法和规划目标要求而定。

（2）整理资料。流域综合规划涉及面广，所需资料多样且来源不一，因此需要对搜集到的资料进行系统整理。整理资料的过程实际上就是一个资料辨析的过程，主要是对资料进行分类归并，了解资料的数量和质量情况，即对资料的适用性、全面性和真实性进行辨析。

适用性是指资料能够完整、深刻、正确地反映描述对象的特征、状态和问题。

全面性是指搜集到的资料是否覆盖了与流域规划有关的各个方面，是否有所遗漏。资料越全面，越有助于规划的深入进行。在规划过程中，若发现资料不足，应及时做补充调研和搜集；对缺失的数据应通过统计方法、替代方法等进行合理插补。

真实性是指资料要客观、准确，资料来源可靠。对失实、存疑的资料要进行复查核实，不真实的资料不宜作为规划依据。

2. 进行水资源区划

流域规划往往涉及较大范围，各局部地区的水资源条件、社会经济发展水平、主要问题和矛盾等不尽相同，需要在流域范围内再做进一步的区域划分，以避免规划区域过大而掩盖一些重要细节。因此，区划工作在流域水资源综合规划中也是一项很重要的前期工作，便于制定规划目标和方案时更具体，更有针对性。

在进行水资源区划时，一般考虑以下因素。

（1）地形地貌。地形地貌的差异会带来水资源条件的差异，也会影响经济结构和发展模式。如山区和平原之间就有明显差别,山区的特点是产流多,而平原的特点是利用多。

(2)现有行政区划框架。水资源区划应具有实用性,并能够得到普遍接受,因此在分区中应适当兼顾现有行政区的完整性。各个行政区有自己的发展目标和发展战略,而流域内许多具体的水资源管理事务仍是按行政区进行,将行政区作为一个整体有利于规划的顺利展开。

(3)河流水系。不同的河流水系应该分开,同时要参照供水系统,尽可能不要把完整的供水系统一分为二。

(4)水体功能。水资源具有多功能性,在进行水资源区划时应尽量保证同一区域内水资源主导功能的一致,使区划工作能够对水资源不同功能的发挥、不同地区间的用水关系的协调起到指导作用。

3. 制定规划目标

流域水资源综合规划的最终目标是以水资源的可持续利用支撑社会经济的可持续发展。但这种目标是总体性的,描述方式太过笼统,不利于操作,需要进一步细化和分解,形成一个多层次、多指标的目标体系。通常流域水资源综合规划的目标体系应从三个方面构建:一是经济目标,通过水资源的开发利用促进和支持流域经济的发展和物质财富的增加;二是社会目标,水资源的分配和使用不能仅追求经济效益的最大化,还应考虑到社会公平与稳定,包括保障基本生活用水需要、帮助落后地区发展、减少和防止自然灾害等;三是生态环境目标,即在开发利用水资源的同时还要注意节约和保护,包括水污染的防治、流域生态环境的改善、景观的维护等。三大目标还应进一步细化为具体的能够进行评价的指标,并根据规划期制定长远目标、近期目标乃至年度目标,根据水资源区划的结果制定流域整体目标和分区域的目标。所制定的目标应具备若干条件,即目标应能根据一定的价值准则进行定性或定量的评价、目标在相应约束条件下是合理的且在规划期内可以实现、能够确定实现各目标的责任范围等。

(二)分析差距、找出问题阶段

1. 水资源评价

进行水资源评价是为了较详细地掌握规划流域水资源基础条件,评价工作要遵循四项技术原则:地表水与地下水统一评价;水量水质并重;水资源可持续利用与社会经济发展和生态环境保护相协调;全面评价与重点区域评价相结合。

水资源评价分为水资源数量评价和质量评价两方面。水资源数量评价的内容主要是水汽输送量、降水量、蒸发量、地表水资源量、地下水资源量和总水资源量的计算、分析和评价。水资源质量评价内容则包括河流泥沙分析、天然水化学特征分析和水资源污染状况评价等。无论是数量评价还是质量评价,都应将地表水和地下水作为一个整体进行分析。

2. 水资源开发利用现状分析

进行水资源开发利用现状分析是为了掌握规划流域人类活动对水资源系统的影响方式和影响程度,主要包括以下内容:供水基础设施及供水能力调查统计分析;供用水现状调查统计分析;现状供用水效率分析;现状供用水存在的问题分析;分析水资源开发利用现状对环境造成的不利影响等。

3. 水资源供求预测和评价

在掌握了水资源数量、质量和开发利用现状后,还需要结合流域社会经济发展规划,预测未来水资源供求状况。

供水预测：预计不同规划水平年地表、地下和其他水源工程状况的变化，既包括现有工程更新改造、续建配套和规划工程实施后新增的供水量，又要估计工程老化、水库淤积等对工程供水能力的影响，科学预测各类工程可提供的水量。

需水预测：需水预测分生活、生产和生态环境三大类。生活和生产需水统称为经济社会需水，其中生活需水按城镇居民和农村居民生活需水分别进行预测，生产需水按第一产业、第二产业和第三产业需水分别预测。生态环境需水是指为生态环境美化、修复与建设或维持现状生态环境质量不至于下降所需要的最小需水量。随着可持续理念的深入人心，对生态需水的重视日益提高，科学预测"三生"需水量是规划的主要指标。

4. 水资源承载力研究

水资源承载力是指在一定区域或流域范围内，在一定的发展模式和生产条件下，当地水资源在满足既定生态环境目标的前提下，能够持续供养的具有一定生活质量的人口数量，或能够支持的社会经济发展规模。水资源承载力的主体是水资源，客体是人口数量和社会经济发展规模，同时维持生态系统良性循环是基本前提。通过计算和评估流域水资源承载力，可以对无规划状态下流域社会经济系统与生态环境系统、水资源系统的协调程度进行判别，进一步明确流域可持续发展面临的主要问题和障碍，从而为调整规划目标、制定规划方案和措施提供理论支持。

（三）制定和选择规划方案阶段

制定和选择规划方案是水资源规划的又一核心任务，是寻找解决问题的具体措施以实现目标的关键环节，具体包括方案制定、方案综合评价和最终方案选择等工作。

1. 方案制定

所谓规划方案就是在既定条件下能够解决问题、实现规划目标的一系列措施的组合。流域水资源综合规划中可选择的措施多种多样。同时，流域水资源综合规划的目标也不是单一的，涉及经济、社会和生态环境三个方面，并能进一步细分为多个具体目标，这些目标间常常不一定能共存，或彼此存在一定的矛盾，甚至有的目标不能量化。同一目标可以对应不同的实现措施，但各措施的实施成本、作用效果有所不同；同一措施也会对不同目标的实现有所贡献，但贡献率各不相同，这就使得措施组合与目标组合之间作用关系十分复杂。因此，在流域水资源规划中常常需要制定多个可能的规划方案，通过综合分析和比较来确定最终方案。

2. 方案综合评价

对已制定的不同方案，要采用一定的技术方法进行计算和综合评价，全面衡量各方案的利弊，为选择最终方案提供参考。评价内容主要包括以下方面：

（1）目标满足程度。根据规划开始时制定的规划目标，对每一非劣方案进行目标改善性判断。由于流域综合规划的多目标性，期望某一方案在实现所有目标方面都达到最优是不现实的。因此，首先要对各方案产生的各种单项效益标准化，并对有利的和不利的程度做出估量，然后加以综合判断。各规划方案的净效益由该方案对所有规划目标的满足情况综合确定。综合评价时应区分"潜在效益"（可能达到的效益）与"实际效益"，这些效益在规划方案的反复筛选和逼近过程中，可能使某些"潜在效益"变成"实际效益"或变成无效益。

（2）效益指标评价。对各规划方案的所有重要影响都应进行评价，以便确定各方案在促进国家经济发展，改善环境质量，加速地区发展与提高社会福利方面所起的作用。比较分析应包括对各规划方案的货币指标、其他定量指标和定性资料的分析对比。分析对比应逐个方案进行，并将分析结果加以汇总，以便清楚地反映出入选方案与其他方案之间的利弊。

（3）合理性检验。规划作为宏观决策的一种，必须接受决策合理性检验。对宏观决策而言必须有一定标准可对决策方案的正确性进行预评估，这个标准一般包括方案的可接受性、可靠性、完备性、有效性、经济性、适应性、可调性、可逆程度和应变能力等。

3. 确定最终方案

经过综合分析和评价，在充分比较各待选方案利弊的基础上确定最终规划方案。由于流域综合规划的多目标性，各方案之间的优劣不能简单判别。确定最终方案的过程是一个带有一定主观性的综合决策过程，定量化计算评价的结果只能作为筛选方案的依据之一，决策者的价值取向、对问题的特定看法、政治上的权衡等都会对结果产生很大的影响。

（四）成果审查与实施阶段

这是水资源规划管理的最后一个阶段，直接关系到整个规划管理工作的实际成效，包括规划成果审查、安排详细的实施计划、提供保障条件以及跟踪检验等工作。

编制完成的规划，应按照一定的程序递交管理部门进行审查。经过审查批准的规划才具备法律效力，能够真正指导实际工作；如果审查中发现了问题，提出了意见，就要做进一步的修改。规划的顺利实施需要一定的外部保障条件，包括健全相关的法律、法规和配套规章制度、加强政府的组织指导和协调工作、明晰各部门的责任、保证资金投入、加强宣传教育、鼓励公众参与等。在实施过程中，还应进行跟踪检验，其目的一是检验原规划目标的实现情况，识别障碍因素；二是评估规划实施对各方面产生的影响，掌握系统和环境的变化情况，发现新的问题，及时对原规划进行修改和完善。

四、水资源规划的技术方法

水资源本质上具有多种功能和多种用途。随着社会经济的发展和人们认识的深入，水资源规划管理的目标、任务逐渐由单一性向多样化和系统性转变。相应地，对规划技术方法也提出了更高的要求，客观上促进了系统科学在水资源研究领域的应用；而水资源系统分析的发展和完善，又反过来推动了水资源多目标规划的发展，为其提供了良好的技术支持。因此，这一部分将主要介绍水资源系统分析的基础理论、模型、技术及在水资源规划中的应用。

（一）水资源系统分析的基础理论

系统分析通常也可以称为系统工程，是组织管理某种"系统"的一些规划、研究、设计和使用的科学方法，是一种对所有系统都适用的具有普遍意义的方法，是系统科学最基本、最普遍的应用形式。系统分析具有多学科综合、从整体观念上解决问题、大量运用数学模型作为分析工具等特点，解决问题的思路可以归纳为：明确系统问题，确定系统目的和目标；建立数学模型对系统特征量进行定量分析；模型求解和验证；对可行方案进行分析和评价；综合决策，选择最终方案。

系统分析的特点、研究思路、方法非常适应现代水资源规划管理对技术工具的要求。1953 年美国陆军工程兵团首次用计算机模拟了密苏里河上 6 个水库的联合调度。此后，在许多国家和地区的流域或区域水资源规划管理方面得到推广和应用，逐步形成了水资源系统分析这一分支。所谓水资源系统分析，就是用系统的概念和系统分析的方法来解决水资源系统中的各种问题。

水资源系统是一个涉及多发展目标、多构成影响因素、多约束条件的复杂巨系统。从系统结构上看，水资源系统是由多种要素、多层次子系统构成的。组成水资源系统的子系统既有自然系统又有人工系统，因此水资源系统同时具有自然和社会的双重属性。流域（或区域）水资源系统通常都包含了许多更小的流域（或区域）水资源子系统，在更大的范围内又是国民经济大系统中资源系统的一个分系统。水资源是这个系统中最主要的组成要素，水资源内部可以分为地表水、地下水、大气水等不同形式，存在水量与水质两大问题。此外，水资源系统还包括与水资源紧密相关的土地资源和其他自然资源、各种人工设施、众多的用水户和管理部门等。各层次、各要素之间的联系方式十分复杂，具有非线性、不确定性、模糊性、动态性等特点。水资源本质上的多用途特性和复杂的系统结构使得水资源系统的功能也呈现出多样性，可以概括为兴利和除害两大功能，其中兴利功能包括供水、灌溉、发电、旅游、航运、养殖等多种形式；除害功能也包括防洪、除涝、改良盐碱地、改善环境、保护生态等多种形式。水资源规划管理正是通过调整、改变水资源系统的结构，使系统整体功能得以优化。

（二）水资源系统分析的数学模型

数学模型的建立和求解是水资源系统分析中最重要的技术环节，属于系统科学体系中技术科学层次的运筹学范畴，是采用数学语言来抽象描述真实的水资源系统，以便对系统的目标、结构、功能等特征量进行定量分析。按照不同的分类标准，数学模型可以分为多种类型；如按所用的方法可分为模拟模型和最优化模型；按时间因素是否作为变量考虑可分为静态模型和动态模型；按未来水文情况是已知或作为未知随机因素可分为确定性模型和随机模型等。最常用的还是分为模拟模型和最优化模型两大类。

1. 模拟模型和最优化模型

模拟模型就是模仿系统的真实情况而建立的模型，主要帮助解决"如果这样，将会怎样"一类的问题。在水资源系统分析研究中可以仿造水资源系统的实际情况，利用计算机模型（或称模拟程序）模仿水资源系统的各种活动，如水文循环过程、洪水过程、水资源分配、利用途径等，为决策提供依据。

尽管模拟模型适应性广，但对于方案寻优决策而言，要靠枚举进行方案比选，效率较低。因此，对于给定规划目标，寻找实现目标的最优途径的水资源规划管理更常用的是最优化模型。最优化模型是用来解决"期望这样，应该怎样"一类问题的有效方法。在水资源规划管理中，最优化模型可以帮助人们定量选择或确定水资源系统开发方案、管理策略。

2. 常用最优化模型简介

水资源规划中常用的最优化模型有线性规划模型、非线性规划模型、动态规划模型、多目标规划模型等。这里将对这几种模型做简单介绍。

（1）线性规划模型。线性规划模型包括目标函数和约束条件两大部分，作用是在满足给定的约束条件下使决策目标达到最优。其一般形式为

$$
\left.
\begin{aligned}
&\text{obj.}\ \ \max(\min)z = \sum_{i=1}^{n} c_i x_i \\
&\text{s. t.}\ \ a_{ij}x_i = b_j\ \ (i=1,\ 2,\ \cdots,\ n;\ j=1,\ 2,\ \cdots,\ m) \\
&\qquad x_i \geqslant 0
\end{aligned}
\right\}
\tag{8-1}
$$

式中：x_i 为决策变量，表示规划中需要控制的主要因素，决策变量的多少取决于研究问题的精度；目标函数是所制定规划目标的数学表达式，其中 c_i 为目标函数的系数，是已知常数；约束条件是实现目标的限制条件，如水资源数量、质量、技术水平、政策法规等，其中 a_{ij} 和 b_j 也是已知常数。

线性规划模型最重要的特点就是目标函数和约束条件的方程必须是线性的，如果其中任何一个方程不是线性的，则该模型就不是线性规划模型，而属于运筹学的另一分支，即非线性规划。线性规划的理论已十分成熟，具有统一且简单的求解方法，即单纯形法，使线性规划模型易于推广和使用。但线性规划模型的目标函数是单一的，只能解决简单的单目标问题，如果实际问题过于复杂，存在多目标甚至目标间相互矛盾，则运用线性规划模型存在一定的局限。

（2）非线性规划模型。非线性规划模型也是由目标函数和约束条件两大部分组成，但其目标函数和（或）约束条件的方程中含有非线性函数。与线性规划相比，非线性规划模型的优势在于能够更准确地反映真实系统的性质和特点。如前所述，水资源系统是多要素、多层次的复杂巨系统，要素间、层次间的关系通常都不是简单的线性关系，而是非线性的，甚至模糊的、不确定的。因此，非线性规划模型在水资源系统分析中得到了越来越广泛的应用。但非线性规划模型比线性规划模型要复杂得多，既没有统一的数学形式，也没有通用的求解方法。一般来说，对于简单一些的非线性规划模型，如二次规划模型，可以采用与单纯形法相类似的方法求解。对于更复杂的非线性规划模型，目前已发展了一些求解方法，但各方法都有特定的适用范围，都有一定的局限性。对非线性规划模型，还需要进行更深入的理论研究。

（3）动态规划模型。动态规划模型是解决多阶段决策过程最优化问题的一种方法。其基本思路是将一个复杂的系统分析问题分解为一个多阶段的决策过程，并按一定顺序或时序从第一阶段开始，逐次求出每阶段的最优决策，经历各阶段而求得整个系统的最优策略。动态规划模型的基本原理是 R. Bellman 于 20 世纪 50 年代提出的最优化原理——作为整个过程的最优策略具有这样的性质：不管该最优策略上某状态以前的状态和决策如何，对该状态而言，余下的诸决策必定构成最优子策略。即最优策略的任一后部子策略都是最优的。

动态规划模型对目标函数和约束条件的函数形式限制较宽，并且能够通过分级处理使一个多变量复杂的高维问题化为求解多个单变量问题或较简单的低维问题。因此，它在水资源系统分析中应用十分广泛。但动态规划模型也存在一定的局限性，它只是解决问题的一种方法，不像线性规划那样有一套标准的算法，对于不同的问题，需要建立不同的递推方程和算法，在使用中带来了很多不便。

（4）多目标规划模型。前面介绍的几种模型基本上都是针对单目标问题的。随着水资源规划尤其是流域综合规划内容的不断丰富，规划目标逐渐多样化，形成了一个涉及经济目标、社会目标和生态环境目标三方面、多层次、多指标的目标体系。在技术方法上，多目标规划模型应运而生。多目标规划模型也由决策变量、目标函数和约束条件构成，最大的特点是其目标函数包含两个或两个以上相互独立的目标。多目标规划模型的一般数学形式为

$$
\left.
\begin{aligned}
&\text{obj. } \max Z(X) = \left[Z_1(X), Z_2(X), \cdots, Z_p(X) \right] \\
&\text{s. t. } g_i(X) \leqslant G_i (i = 1, 2, \cdots, m) \\
&\quad\quad X_j \geqslant 0 (i = 1, 2, \cdots, n)
\end{aligned}
\right\}
\tag{8-2}
$$

这种形式可以称为向量最优化形式，其中 X 是 n 维的决策向量，代表 n 个决策变量，即 $X = [X_1, X_2, \cdots, X_n]$；$Z(X)$ 为 P 维目标函数，代表 p 个独立的目标，这些目标函数的形式可以是线性的、非线性的、整数的等各种形式，$g_i(x)$ 是 m 个约束条件。

在水资源规划中，不同的规划目标可能不可共存，或有的目标难以量化，甚至目标间可能存在矛盾，因此，多目标规划模型不能得到传统模型中的明确的最优解，而只能求得若干"非劣解"，组成非劣解集。所谓非劣解是指没有一个目标能够变得更好，除非使其他目标已达到的水平降低，也就是实现经济学上所说的"帕累托最优"状态。关于多目标规划模型的求解方法的研究，近 20 多年来发展很快，迄今为止已有 30 种不同的求解方法，可以归纳为三大类：一类是 TC 曲线（转换曲线）生成技术，包括权重法、约束法、多准则（或多目标）单纯形法及理论生成法、自适应寻查法、协调规划法；第二类是依赖于事先排定优先顺序的方法，包括目标规划、效用函数估价和最优权重法、消转法、替换价值交换法；第三类是优先性逐步排定的方法，有分步法、序贯多目标问题解法及其他各种对话式方法。

尽管多目标规划模型还处于发展阶段，远未成熟，但由于其能将众多独立目标纳入规划决策中，具有不确定的最优解以及广泛的可能求解途径，与水资源规划实际问题的复杂多样性十分吻合，因而在水资源规划领域取得了飞速的发展和广泛的应用。

（三）多目标规划法在水资源优化配置中的应用

制定水资源配置方案是流域水资源综合规划的中心内容。一方面，水资源优化配置是水资源规划目标（水资源可持续利用）的具体体现；另一方面，通过水资源的优化配置，可以间接调控社会经济的发展规模和速度，保护生态环境，因而又是实现水资源规划目标的重要手段。

1. 水资源优化配置的概念

水资源优化配置是指：依据可持续发展的需要，通过工程和非工程措施，调节水资源的天然时空分布；开源与节流并重，开发利用与保护治理并重，兼顾当前利益和长远利益，利用系统方法、决策理论和计算机技术，统一地调配当地地表水、地下水、处理后可回用的污水（回用水）、从区域外调入的水（外调水）及微咸水；注重兴利与除弊的结合，协调好各地区及各用水部门间的利益矛盾，尽可能地提高区域整体的用水效率，促进水资源的可持续利用和区域的可持续发展。简单地讲，水资源优化配置就是将流域或区域水资源在不同子区域、不同用水部门、不同时期间进行优化分配。而什么样的分配方案才算是

优化的呢？这就涉及分配目标的确定。与水资源规划目标一样，水资源优化配置的最终目标也是水资源的可持续利用和社会经济的可持续发展，同样可分为经济目标、社会目标和生态环境目标三个大的方面。因此，水资源优化配置也是一个多目标问题，可以用多目标规划法进行量化。从概念上看，水资源优化配置是从两个方面进行的：一方面控制需求（节流），如通过调整产业结构和生产力布局、提高用水效率等将需水量控制在可供水量允许范围内，通过改进工艺、加强治理等将排污量控制在水环境自净范围内等，从而减少人类活动对水资源的压力，另一方面是调节供给（开源），如通过工程措施或非工程措施增加水资源供给或改变水资源的天然时空分布，以最大可能地满足社会经济可持续发展的需要。这个概念还反映出水资源优化配置的手段是多种多样的，既有工程手段，也有非工程手段；既有经济手段，也有行政手段、法律手段；既有市场手段，也有政府行为。通过开源节流，实现水资源优化配置。

2. 水资源优化配置的意义

水资源优化配置的最终目的是实现水资源可持续利用，这也正是其重要意义所在。具体地讲，则是通过水资源的优化配置来协调各种用水竞争，促进水资源合理高效利用，保证社会、经济、资源和环境的协调发展。但实际上，水资源优化配置的意义和作用在解决现有水资源问题上尚未得到显著体现。这有三方面的原因：一是水资源优化配置受到重视程度不够，或者在水资源规划中没能得到体现，或者制定的配置方案得不到有力的贯彻执行；二是由于实际水资源问题的复杂性，目前的优化配置技术方法和模型远不够完善；三是当经济目标、社会目标、生态环境目标间出现矛盾时，如何进行选择在很大程度上依赖于决策者的主观价值取向，而决策者如果过于偏好短期经济利益，势必造成生态环境用水被挤占，影响水资源的可持续利用。

3. 水资源优化配置的原则

在进行水资源优化配置时，应遵循以下四项原则。

（1）可承载原则。

（2）效率原则。

（3）公平原则。

（4）有偿原则。

4. 利用多目标规划法建立水资源优化配置模型

水资源优化配置方案，是在分析规划流域（或区域）水资源条件、了解经济发展现状、预测未来发展趋势的基础上，通过建立水资源优化配置模型而制定的。如前所述，水资源优化配置具有多种目标和多个约束条件，因此可以用多目标规划法来建立模型。

（1）划分区域、确定水源和用水部门。设研究区包含 k 个子区，$k=1, 2, \cdots, K$；k 子区有 $i(k)$ 个独立水源、$j(k)$ 个用水部门，研究区内有 c 个公共水源，$c=1, 2, \cdots, M$。以 W_{ikj} 和 W_{ckj} 为决策变量，分别表示独立水源 i 和公共水源 c 分配给 k 子区 j 用户的水量，万 m^3。

（2）建立目标函数。对水资源优化配置的三大目标，即经济目标、社会目标和生态环境目标，在模型中分别建立目标函数，最后加以集成。

1）经济目标。经济目标通常比较容易量化，可以直接用各用水部门创造的经济效益表示，目标函数如下：

$$\max f_1(x) = \max\Big\{\sum_{k=1}^{K}\sum_{j=1}^{j(k)}\Big[\sum_{i=1}^{i(k)}(B_{ikj}-C_{ikj})W_{ikj}A_{ikj} + \sum_{c=1}^{M}(B_{ckj}-C_{ckj})W_{ckj}A_{ckj}\Big]\Big\}$$

$$(8-3)$$

式中：B_{ikj}、B_{ckj} 分别为独立水源 i、公共水源 c 向 k 子区 j 用户的单位供水量效益系数，元/m³；C_{ikj}、C_{ckj} 分别为独立水源 i、公共水源 c 向 k 子区 j 用户的单位供水量费用系数，元/m³；A_{ikj}、A_{ckj} 分别为独立水源 i、公共水源 c 向 k 子区 j 用户供水效益修正系数，与供水次序、用户类型及子区影响程度有关。

2）社会目标。社会目标的量化不像经济目标那样明确和统一。笼统地说社会目标不太好操作，在实际中常常是建立一些更具体的指标来表示。指标的选取与决策者有关，如有的用区域就业率最大化来作为社会目标，也有的用粮食产量来衡量社会效益。本书中采用区域总缺水量最小作为社会目标，因为它能很好地体现水资源配置中的公平原则，有助于维持社会安定。建立目标函数如下：

$$\max f_2(x) = -\min\Big\{\sum_{k=1}^{K}\sum_{j=1}^{j(k)}\Big[D_{kj}-\Big(\sum_{i=1}^{i(k)}W_{ikj}+\sum_{c=1}^{M}W_{ckj}\Big)\Big]\Big\} \qquad (8-4)$$

式中：D_{kj} 为 k 子区 j 用户需水量，万 m³。

3）生态环境目标。关于生态环境目标，可以用保证生态需水和尽量减少污染物排放来表示。生态需水可以作为约束条件之一进入模型，在目标函数中则建立废污水排放量最小方程，如下：

$$\max f_3(x) = -\min\Big[\sum_{k=1}^{K}\sum_{j=1}^{j(k)}0.01E_{kj}P_{kj}\Big(\sum_{i=1}^{i(k)}W_{ikj}+\sum_{c=1}^{M}W_{ckj}\Big)\Big] \qquad (8-5)$$

式中：E_{kj} 为 k 子区 j 用户单位废污水排放量中重要污染物的含量，mg/L，一般可用化学需氧量（COD）、生化需氧量（BOD）等水质指标表示；P_{kj} 为 k 子区 j 用户污水排放系数。

4）目标集成。集成的目标函数如下：

$$\max Z(X) = [f_1(X), f_2(X), f_3(X)] \qquad (8-6)$$

（3）建立约束条件。

1）供水能力约束

$$\sum_{j=1}^{j(k)}W_{ckj} \leqslant W_{ck} \qquad (8-7)$$

公共水源：

$$\sum_{k=1}^{K}W_{ck} \leqslant W_c \qquad (8-8)$$

式中：W_{ck} 是公共水源 c 分配给 k 子区的水量；W_c 是公共水源 c 的可供水量上限。

独立水源：

$$\sum_{j=1}^{j(k)}W_{ikj} \leqslant W_{ik} \qquad (8-9)$$

式中：W_{ik} 是 k 子区独立水源 i 的可供水量上限。

公共水源节点水量平衡约束：

$$U_{ck} + Q_{ck} = W_{ck} + L_{ck} \qquad\qquad (8-10)$$

式中：U_{ck}、Q_{ck} 和 L_{ck} 分别为 k 子区公共水源 c 的上游来水量、下泄流量和旁侧入流量。

2）输水能力约束

公共水源：
$$W_{ck} \leqslant P_{ck} \qquad\qquad (8-11)$$

式中：P_{ck} 为公共水源 c 向 k 子区供水的输水能力上限。

独立水源：
$$W_{ikj} \leqslant P_{ikj} \qquad\qquad (8-12)$$

式中：P_{ikj} 为 k 子区独立水源 i 向用户 j 供水的输水能力上限。

3）用水系统供需变化约束

$$L_{kj} \leqslant \sum_{i=1}^{i(k)} W_{ikj} + \sum_{c=1}^{M} W_{ckj} \leqslant H_{kj} \qquad\qquad (8-13)$$

式中：L_{kj}、H_{kj} 分别为 k 子区 j 用户需水量变化的下、上限。

4）排水系统的水质约束

达标排放：
$$C_{kjr} \leqslant C_r \qquad\qquad (8-14)$$

式中：C_{kjr} 为 k 子区 j 用户排放的污染物 r 的浓度；C_r 为污染物 r 达标排放的规定浓度。

总量控制：
$$\sum_{k=1}^{K} \sum_{j=1}^{j(k)} 0.01 E_{kj} P_{kj} \left(\sum_{i=1}^{i(k)} W_{ikj} + \sum_{c=1}^{M} W_{ckj} \right) \leqslant W \qquad\qquad (8-15)$$

式中：W 为允许的污染物排放总量。

5）非负约束
$$W_{ikj}, W_{ckj} \geqslant 0 \qquad\qquad (8-16)$$

6）其他约束，针对具体情况，增加相应的约束条件。

以上目标函数和约束条件构成了一个基本的水资源优化配置多目标模型，求解方法有权重法、约束法、目标规划法等多种，更详细的介绍可参阅运筹学的相关书籍。

多目标规划法只是构建水资源优化配置模型的一种形式，也可以采用其他优化技术或模拟技术进行水资源配置的研究。

水利规划管理是一种克服水事活动盲目性和主观随意性的科学管理活动，在水利水电工程管理体系中占有十分重要的位置。它具有导向性、权威性和综合性的特点。本章通过对我国水利规划管理发展历程的回顾，展望了我国未来水利规划管理的发展方向，并就水利规划管理的工作流程和内容以及水利规划的技术方法进行了研究和探讨。水利规划管理是一个预先筹划的过程，是一切管理活动的起点和基础，它能减少不确定性带来的损失，使政府宏观调控意图更明确、更规范，还能促进各方的理解和合作。因此，我们搞好水利规划管理的重要性也就不言而喻了。

第二节　水利水电工程可持续利用管理

水利水电工程是综合利用水资源、发展国民经济的重要手段，是保障经济建设和人民生命财产安全的重要设施，是国家和人民的宝贵财富。为了充分发挥工程效益，必须加强水利水电工程的管理工作。

水是基础性的自然资源和战略性的经济资源，水利是国民经济的重要基础设施，是实现可持续发展的重要物质基础。我国水资源总量多，人均水资源量少，时空分布不均，水资源集中但开发利用程度低。对水利工程的资产进行科学合理界定和划分，是推进水利工程改革、理顺管理体制、建立良性运行机制的基础工作之一。

一、水利工程管理体制的改革

水利工程管理体制的改革目标是：通过法律、行政、经济等引导手段规范水利建设市场，形成有序的管理过程。方向是以政府投资为主、以指令性计划为基础的直接管理型模式转变为以多种投资方式、以市场调节投资行为为主和以投资主体决策自主、风险自负为基础的政府间接控制引导的模式。但在实际过程中投资出资、出资人代表及及其职权利问题成为制约水利工程管理的最重要原因。每一个准公益性水利工程从勘测设计、建设到经营管理各方面，各级政府、投资出资人和企业（主要指业主）的责权利划分都因项目而异，缺乏统一有效的分权原则和办法。尤其是都未涉及水利部统一的国家投资或补贴的管理机构，代表水利部的出资方因项目而异，不足以体现准公益性水利工程的巨大影响。因此必须进一步转变政府管理项目的职能，明确政府与市场在水利工程中的职能分工，明确投资与补贴，实行建设项目管理的政企、政事分开。

根据准公益性水利工程的特征及投资特性，对其制定管理体制目标与原则，实现更完善的水利管理制度。

1. 管理体制目标

管理体制目标可分为建设和运行两个阶段，两个阶段的任务不同，因而管理目标也有明显不同。

（1）建设期管理体制目标。工程质量是水利工程的生命，高于任何其他目标，工程质量主要取决于工程建设期。所以，建设期的任务着重于保证工程质量，同时也要考虑为今后的运行管理提供良好的经济基础。其管理体制设计目标主要表现为：

1）强化质量监督，规范招标投标管理，实行重点工程责任制、责任追究制，加大安全管理、加强水利建设市场监管和市场准入。

2）加强资金管理，严禁截留挪用，保证配套资金到位。

3）推进在建设期广泛应用先进科学技术，全面提高水利工作的科技含量，实现水利现代化。

（2）运行期管理体制设计目标。运行期的任务着重于工程实现其社会和经济目标。其管理体制设计目标主要表现为：

1）产权明晰，树立产权观念和经营意识，明确国家对水资源的所有权、水利行政主管部门对其代表国家投资的公益性水利资产的权益、经营性出资人对经营性水利资产的权益、经营单位对水利资产的法人财产权。

2）创造有限竞争的外部环境，加强科学管理、不断提高运转效率、降低成本、提高效益。

3）创造自主经营外部环境，允许水电建设公司联合、兼并和培育新业务，促使水电建设公司在兼顾社会效益的同时，实现水利资产的保值、增值，保证水电建设公司可持续的发展壮大。

2. 管理体制设计原则

（1）建设期管理体制设计原则。

1）科学规划原则。规划是指对长江流域水利工程有关方案布局、工程措施以及技术指标等进行分析研究。科学的规划有利于认真贯彻国家的有关方针、政策，适应国民经济和社会发展的总体要求。管理体制要保证科学规划，可以统筹兼顾各个方面的利害关系，用最少的投入去获取最大的综合效益，实现多目标开发和水资源的优化配置。

2）深化质量管理原则。准公益性水利工程建设程序一般分为：项目建议书、可行性研究报告、初步设计、施工准备（包括投标设计）、建设实施、生产准备、竣工验收、后评价等阶段。各建设环节应深化质量管理，各级主管部门应做好监督管理工作，确保工程顺利竣工。

3）资金管理原则。水利工程项目投资建设，必须厉行节约，降低工程成本，防止损失浪费，提高投资使用效果。

（2）运行期管理原则。

1）保证水资源的有效配置和可持续利用原则。实现长江水资源的最优配置以提高其利用效率，是社会经济长期稳定发展的基础。所以，水利工程管理体制必须保证水资源的有效配置和可持续利用。

2）社会效益与经济效益兼顾原则。水利工程具有综合效益，是国民经济和社会发展的基础。因此，其管理体制必须保证准公益性水利工程兼顾社会效益与经济效益。

3）分工协作原则。水利工程的参与者应承担各自的责任与义务，但也要相互协作，保证水利工程的良性运行。

4）规模管理原则。水利工程管理体制框架设计应彻底摒弃"建一个水利工程，就建一个庞大的工程管理单位"的模式，在充分利用现有资源的基础上，破除水利工程管理上的人为地域界限。这不仅可以避免重复建设，减少人力与物力资源的浪费，还可使水电建设公司核心业务的拓展成为可能，从而壮大水电建设公司的规模和实力，提高水电建设公司水利水电工程管理的整体水平。

二、水利水电工程的保护

（1）挡水、泄水、引水建筑物，电站厂房及排污工程等周围，划定建筑物管理范围。

（2）水库周围移民线或土地征购线以下，划定水库管理范围。

（3）河道堤防两侧划定护堤地。

（4）排水渠道及渠堤两侧划定护渠地。

管理范围以内的土地及土地上附着物，其所有权由全民所有，使用权由水电工程管理单位使用。

为保护水电工程及其附属设施和设备，禁止有关区内的下列活动：

1）损毁堤坝、电站、渠道、水闸等水利水电工程建筑物及其观测、水文、通讯、输变电、交通等附属设施；

2）设置有害于堤坝安全的建筑物；

3）盗用、挪用水利水电物资、器材和设备；

4）在堤坝、渠道上垦植、铲草及滥伐防护林木；

5）在坝顶、堤顶、水闸交通桥上行驶履带拖拉机、硬轮车和超重车辆，在没有路面的坝顶、堤顶雨后行车；

6）在保护范围内爆破、打井、采石、取土、挖砂、建筑、滥伐林木以及危及工程安全的其他活动。

同时，为了维护水利、水电工程的效能，禁止下列活动：

1）在行洪、输排水河道和渠道内修建影响行水建筑物和设施；

2）在河滩、湖泊、蓄洪区、行洪区、水库库区及江河入海口附近滩地上任意围垦；

3）在河道上修建碍航及有危害的导流、挑流等工程；

4）在危及工程安全的河滩、河岸开采砂石、土料；

5）在河道滩地、渠道、行洪区、分洪道种植高秆植物；

6）在水库、河道、渠道、湖泊等水域及滩地倾倒垃圾、废渣，堆置杂物。

若确实有必要在保护范围内进行建设等活动，应征得水电部门主管机关同意，如需通航放木的河道还须征得航运、林业主管机关的同意。

水电工程保护范围内阻水建筑物、废渣、尾矿矿渣、垃圾杂物及其他设施，由相关单位负责清除、改建，限期恢复工程原有的效能。

水电工程管理部门应按照环境保护和森林保护等有关法规，配合有关部门保护环境，防治水污染。

三、水利水电工程的运行与维护

一个水利水电工程要达到其预期的功用，或取得生产经营的高效益，首先需要有正确的维护和运行手段。在生产过程遇到某些自然灾害和其他外力破坏事故时，如果维护、运行人员处理得当，也可将不利影响和损失限制在最小范围。所以，维护、运行管理的中心任务，就是保证指令性任务的完成，并做到安全、优质、经济、可持续地生产，提高企业的经济效益。合理利用水力资源，充分发挥国民经济各部门的综合效益；精心操作、严密监视、努力提高设备利用率、降低各项消耗；正确处理各种障碍、事故，尽可能避免和减少事故给企业和社会造成的损失。

水工建筑物维护、运行管理的主要内容有建立健全指挥系统和各级生产技术责任制。各水电企业应根据上级主管部门颁布的有关规程制度及设计资料、设计要求、观测资料、其他工程的运行维护经验，结合本企业具体情况，编制水工建筑物的运行、维护规程。各有关专业人员要认真执行上述规程，以确保各水工建筑物的稳定、坚固、耐久等安全的要求；根据国家指令性计划，结合本企业的具体情况，编制发、供电计划。水工建筑物和机电设备的管理工作，还包括各水工建筑物的观测、维护、检伤及机电设备的维护、检修计划和技术更新改造计划，不断提高和完善设备的技术水平。对水工建筑物进行维护检修及技术改造时要注意，在建筑物附近不得进行爆破工作。如特殊需要必须进行爆破时，要采取必要的保护措施，以确保水工建筑物及水电厂机电设备的安全运行。同时，在水工建筑物区域内，所有岸坡和各种开挖与填筑的边坡部位及其附近，如要进行施工时，也要采取措施，防止坍塌或滑坡等事故；组织水电生产的安全管理工作，定期进行安全和经济活动分析，检查计划和各项指标完成情况，找出隐藏的问题，提出有力措施，不断提高管理水平，加强劳动管理，不断地提高劳动生产率。

四、水利水电工程的综合利用

水利水电工程应根据设计规定的原则并结合实际情况进行调度运用。其原则如下。

（1）综合利用的水利水电工程，应按照设计规定，合理运用，充分发挥工程的综合效益。

（2）工程的防洪排涝应统筹兼顾，本着小利服从大利，局部服从整体，正确处理上下游、左右岸的关系，做到全面安排，合理运用。

（3）每年都应编制年度或分阶段的调度运行计划，上报上级主管机关批准后执行。

（4）管理范围内的江河堤防，应做好维修养护及洪水的调度运用，在规定的抗洪标准内，应保证行洪安全。

（5）并网运行的水电站，在综合利用原则下，根据调度运用计划，参加电力电量平衡，并服从电网的统一调度。

（6）航运及放木河道，水电站应尽可能为航运及放木提供便利条件，运行过程要爱护工程，防止损毁工程设施。

（7）当遇特枯年份，水位不能满足要求，但由于特殊需要，必须继续运用时，应保证建筑物及机械设备的安全，并考虑重点用水单位的最低需要，以及渔业生产和环境保护、旅游等最低要求。

（8）有防洪任务的水电站，汛期调度根据批准的运用计划进行，服从上级防汛机构的统一指挥。任何人都不得擅自改变已批准的计划，强行调度。

当发生超标准洪水或意外事故，危及工程安全，且与上级失去联系时，工程所在地的防汛指挥机关可按上级主管机关批准的方案，采取非常措施，保证堤坝安全，并通过一切可能的途径向下游紧急报警，通知受灾地区的群众安全转移。

第三节　水利水电工程可持续发展展望

2014 年 7 月 28 日，习近平主席在国家经济形势分析会上，强调要按照经济规律，推进社会可持续发展。正确方向的指引，增强了社会经济建设活力，同时也为水利水电工程的可持续发展赋予了新的内涵。顺应社会发展新形势，树立水利水电建设新理念，探讨解决可持续发展新瓶颈，显得尤为迫切而重要。

一、水利水电工程可持续发展的思路

水利水电工程可持续发展的思路如下。

（1）要按照全面发展的要求，拓展水利水电工程发展领域。根据经济社会全面发展的战略布局，协调水利水电工程与经济社会发展的步伐，拓展水利水电工程发展的要求领域，确保水利水电工程服务能力和管理水平满足和适应经济社会发展的要求。要继续履行防洪、供水、水环境保护、水土保持等水利水电工程服务职能，还要搞好人居环境、航运、旅游、养殖等相关服务。同时，要根据防洪保安条件、水资源承载能力和水环境承载能力等制约因素，强化水利水电工程管理，促进经济社会可持续发展。

（2）要按照可持续发展的要求，调整水利水电工程发展模式。要围绕人类对水资源的全面、长期需求，改革传统水利水电工程发展模式，走可持续发展之路，推进水利现代化。要协调人、地、水的关系，给足洪水出路，确保人民安全居住。提高河湖水库蓄泄能力，优化调度，强化社会化减灾措施，保证大面积地区和重点保护对象的防洪安全和供水安全。要量水而行，合理配置水资源，提高资源的利用效能，建设节水型社会，以水资源的可持续利用保障经济社会的可持续发展。

（3）要按照"五个统筹"的要求，确保水利水电工程发展的方向与重点。即要协调区域之间、城乡之间、大中小之间、建设与管理、外延发展和内部挖潜之间的关系，促进经济社会协调发展。应根据区域水利特点和地区不同发展阶段确定各自的发展布局，明确投资重点。要优化配置水资源，加强水资源的节约和保护，继续提高流域、区域防洪除涝标准，要继续完善流域防洪、供水骨干工程体系；重点推进区域治理，提高综合利用河网的标准，完善区域骨干水利水电工程体系，实施洪水风险管理和水资源的合理配置。要协调城市与农村水利发展，确保粮食安全和农民环境的改善，同时要重视城区范围和外围农区洪涝治理的统筹规划与标准衔接。要转变治理模式，在适度提高水利水电工程标准的同时，重视现有河道、堤防水库、涵闸、泵站等水利水电工程的除险加固和清淤清障，恢复并保持工程能力。

（4）要按照政府水利水电社会服务与公共管理与公共管理职能转变的要求，改革水利水电管理与服务的模式。根据政府职能转变的要求，进一步明晰政府与市场、政府与社会职能边界，划分事权，明确水利水电工程分级建设和管理职责，实行水利水电工程按公益性、准公益性和经营性分类管理。要发挥市场对资源配置的基础性作用，完善水利建设和管理领域的市场化运用机制和长效管理机制，探索水权交易市场和用户民主协商机制，促进水利集约化发展和良性运行。要实施科技创新和人才发展战略，利用现代科学技术和科学管理手段，加强机构能力建设，全面提高水利水电管理质量、水平、效率和效益。

二、水利水电工程可持续发展的对策

水利水电工程可持续发展不是空话，它是具体的和发展的，在当前国情下，若要实现水利水电工程可持续发展，主要任务是构建以下六大目标体系[45]。

（1）构建供水安全保障体系。坚持节流与开源并举的原则，通过大力推行节水措施，建设节水型社会，提高水资源的利用效率和效益。实施水资源的优化配置，结合骨干水源工程、各类蓄引提工程建设，提高供水保障能力，构建城乡供水安全保障体系。

（2）构建防洪减灾保障体系。坚持给洪水以出路的原则，抓住机遇，在发展中解决问题，通过提高流域防洪标准，实施流域性堤防、涵闸、水库达标建设和行蓄洪区安全建设，着力恢复巩固和适度提高现在设施能力，扩大流域骨干泄洪通道；加强区域治理，完善区域引排水系，配合流域治理着力解决因洪致涝问题，实施区域治理，加快推进城市防洪、排水骨干工程建设；实施农村水利建设和中小水库水闸除险加固工程；加强洪水调度管理能力建设，加强工程管理和防洪规划管理，完善防汛救灾应急系统，研究建立社会化防灾减灾机制，逐步推行洪水风险管理。

（3）构建农村水利保障体系。贯彻中央关于新农村建设文件精神，构建农村水利保障体系，为社会主义新农村建设提供粮食安全保障和饮水安全保障。坚持提高综合生产能力与改善生活条件同步推进的原则,积极研究农村投入机制,引导农田水利建设;加大山区水源工程建设,从根本上解决山区的灌溉水源及饮水问题;进行县乡级河道和村庄河塘疏浚;通过灌区续建配套和节水技术、中小型排涝泵站更新改造,结合农村饮水、节水灌溉、雨水集蓄等小型水利设施建设,构建成完善的农村水利保障体系。

(4)构建水资源保障体系。坚持保护与治理并重的原则,通过严格的水功能区划管理,实行排污总量控制和水质监测,尽快完善城市饮水体系建设,确保城市饮水质量,关闭污水井,加强对重要水源地和地下水的保护,确保市民用水安全,逐步恢复和改善水体功能,加快地面、地下水转换和优化配置,结合水污染治理,加大中水回用力度,建设中水回用与导流工程体系,提高水环境承载能力,避免地质灾害,构建水环境安全保障体系。推进节水型社会建设。

(5)构建水生态保障体系。坚持生态修复与综合治理相结合的原则,通过小流域综合治理和城市生态水利建设等措施,充分发挥生态的自我修复能力,对重点水土流失区和生态脆弱区进行综合治理,防治水土流失,改善生态环境,构建生态安全保障体系。

(6)构建水利现代化保障体系。坚持以信息化促进水利现代化的原则,通过建立水文水资源监测网络和信息系统、防汛抗旱指挥系统、水资源调度管理系统、水土保持监测和管理信息系统,结合水利科技创新,不断提高水利信息化水平,推进传统水利向现代水利转变,构建水利现代化保障体系。

三、水利水电工程可持续发展的机遇

近年来,国家发展改革委认真贯彻落实党中央、国务院关于加快推进生态文明建设的战略部署,大力推进生态保护与环境修复工作,"十二五"期间累计安排中央预算内投资1098.2亿元,有效缓解了国内生态恶化的严峻态势。自中国共产党十八大会议以来,党和中央领导人高度重视生态文明建设,习近平总书记站在谋求中华民族长远发展、实现人民福祉的战略高度,围绕建设美丽中国、推动社会主义生态文明建设,提出了一系列新思想、新论断、新举措,大力促进实现经济社会发展与生态环境保护相协调,开辟了人与自然和谐发展的新境界,同时也为水生态文明建设以及水利水电工程可持续发展提供了良好的战略机遇。

"十三五"期间,生态文明建设首次写入国家五年规划,充分反映了国家对生态文明的高度重视。作为重要子课题,水生态文明建设应以科学发展观为指导,全面贯彻落实生态文明建设的战略部署,把尊重自然、顺应自然、保护自然的生态文明观念融入到水利发展的各个方面和水利建设的各个环节,通过转变水利发展工作思路、重视水利建设生态环境保护、加强水生态系统保护与修复、强化水生态文明建设保障措施,大力推进水生态文明建设,努力提高生态文明水平。

1.转变水利发展工作思路

水利是指人类社会为了生存和发展的需要,采取多种措施对自然界的水进行兴水利、除水害的各项事业和活动。随着经济社会的不断发展,水利的内涵也随之不断充实扩大,在人类文明发展到生态文明时代的今天,水利的内涵也应随之扩大到水生态文明建设的范畴。在水利发展的各个方面和水利建设的各个环节,要始终坚持"人与自然和谐相处"和"生态环境保护优先"的方针,加快传统水利向现代水利、可持续发展水利的转变。

2. 重视水利建设生态环境保护

水利建设包括水害防治、水资源开发利用和水生态环境保护等各种人类活动，在满足人类生存和发展要求的同时，也会对自然生态系统造成一定的影响。在水利建设的各个环节，应遵循"在保护中促进开发、在开发中落实保护"的原则，高度重视生态环境保护，正确处理好治理开发与保护的关系，在努力减轻水利工程对自然生态系统影响的同时，充分发挥其生态环境效益。

3. 加强水生态系统保护与修复

水生态系统是由水生生物群落与水环境共同构成的具有特定结构和功能的动态平衡系统，分为淡水生态系统和海洋生态系统。淡水生态系统包括动水的河流、溪流、水渠和静水的湖泊、沼泽、池塘、水库等两种类型，淡水生态系统不仅是人类的资源宝库，而且是重要的环境因素，具有调节气候、净化污染及保护生物多样性等功能。随着人口的快速增长和经济社会高速发展，淡水生态系统出现了河道断流、水体污染、生物多样性下降等问题。应坚持"生态环境保护优先"的方针，不断强化水生态系统保护与修复，逐步实现水生态系统良性循环，长期维护水生态系统健康。

淡水生态系统中，主体是淡水，其他各种水生动植物都属客体，只要主体的淡水环境不被破坏，客体一般不会出现太大问题，淡水生态系统也就基本上能够保持平衡。因此水生态系统保护与修复应以水环境保护与修复为核心，针对造成水生态系统退化和破坏的关键水环境因素，采取顺应自然规律的保护和修复措施，修复已破坏的水环境、维护优良的水环境，在此基础上加强物种和生物资源保护，充分发挥水生态系统的自我修复能力，使水生动植物得到有效的保护和恢复。

4. 强化水生态文明建设保障措施

推进水生态文明建设需要健全工作机制、出台经济政策、建立评估制度、促进公众参与和夯实工作基础。

（1）健全工作机制。充分发挥政府在水生态文明建设中的主导作用，建立部门间联动工作机制，形成工作合力。建立多元的投入机制，鼓励和引导社会资金参与水生态文明建设。建立水生态补偿机制，实现水生态共建和利益共享格局。完善水价形成机制，鼓励开展水权和排污权交易，运用经济手段促进水资源节约和保护。

（2）出台经济政策。将水生态环境保护上升到国家战略，融入到水利发展的各个方面和水利建设的各个环节。科学制定水利发展规划，合理布局水害防治和水资源开发行为，不断加强水生态环境保护和修复。抓紧制定和出台有利于水生态环境保护的价格、财政、税收、金融、土地等方面的经济政策，使鼓励水害防治、水资源开发的政策和鼓励水生态环境保护的政策有机融合。

（3）建立评估制度。将水生态文明建设理念贯穿于规划编制、项目论证、工程建设及运行调度等各个环节。建立和完善水生态文明建设工作评估制度，明确评价标准、考核办法和奖惩机制。完善有利于水生态文明建设的法制、体制和机制。积极开展水生态文明建设试点工作，尽快形成符合我国水资源、水生态条件的水生态文明建设模式，以逐步实现水生态文明建设工作的规范化、制度化、法制化。

（4）促进公众参与。广泛开展宣传教育，提升公众对水生态文明建设的认知和认可，倡导先进的水生态文化价值观和适应水生态文明要求的生产生活方式。建立公众的广泛参与机制，使公众对水生态文明建设有知情权、建议权和监督权。大力加强水文化建设，传播惜水、爱水、护水、亲水的水文化。

（5）夯实工作基础。加强涉水综合监测信息采集系统、数据传输和存储系统、决策支持系统等信息化基础设施建设。注重科技创新，加强水生态环境保护与修复重大问题和关键技术的研究、开发和推广应用。加强人才培养，全面提升水利系统干部职工队伍综合素质，切实增强水生态文明建设能力。

本 章 小 结

本章主要介绍了水利水电工程可持续利用的相关内容，介绍了水利水电工程可持续利用规划的目标、任务和一般步骤，说明了水利水电工程可持续利用管理和保护的相关内容，并且就水利水电工程可持续发展以及"十三五"期间水生态文明建设提出了相关意见和建议。

思 考 题

1. 试述水利水电工程可持续利用规划的必要性。
2. 水利水电工程可持续管理有哪些必要措施？
3. 查阅文献资料，简述可持续发展在具体水利工程案例中的应用。

参 考 文 献

［1］ 中共中央 国务院关于加快水利改革发展的决定 ［J］. 中国水利，2011（4）：1-4.

［2］ 孟佳. 水电生态调度模式优化刍议 ［J］. 水电与新能源，2014（7）：75-78.

［3］ 顾圣平. 水资源规划及利用 ［M］. 北京：中国水利水电出版社，2009.

［4］ 邹进. 水资源系统运行与优化调度 ［M］. 北京：冶金工业出版社，2006.

［5］ 联合国可持续发展大会. 中华人民共和国可持续发展国家报告 ［M］. 北京：人民出版社，2012.

［6］ 周学文. 我国水利建设现状、问题及对策 ［R］. 十一届全国人大常委会专题讲座，2011.

［7］ 董哲仁. 探索生态水利工程学 ［J］. 中国工程科学，2007，9（1）：1-7.

［8］ 陈雷. 以淡水资源的可持续利用保障中国经济社会的可持续发展 ［R］. 国际淡水资源大会，2003.

［9］ 赵立远，陈智梁，陈洪波. 水电站中长期发电调度理论研究 ［J］. 水利水电技术，2010（6）：80-83.

［10］ 张铭. 水电站水库调度图及短期优化调度研究 ［D］. 武汉：武汉大学，2004.

［11］ 赵静飞，攀刘，李立平. 两阶段优化在水库调度图中的应用研究 Research on the Use of Reservoir Operating Rule Curves Based on the Two-Stage Optimization［J］. Journal of Water Resources Research，2012（1）：7-13.

［12］ 陈廷涛，李祥龙. 水电站水库调度综述 ［J］. 黑龙江水利科技，2012（3）：135-138.

［13］ 钟琦，张勇传. 水电站径流调节和水库调度图的计算方法的研究 ［J］. 人民长江，1987（12）：27-32+38.

［14］ 谭维炎，徐贯午. 应用动态规划法绘制水库发电调度图 ［J］. 水利水电技术，1979（8）：6-12+30.

［15］ 徐冬梅. 水库群防洪调度与洪水资源化相关问题研究 ［D］. 大连：大连理工大学，2014.

［16］ 陈惠源，陈森林，高似春. 水库防洪调度问题探讨 ［J］. 武汉水利电力大学学报，1998（1）：42-45.

［17］ 王洪双，赵金鑫，娄荫楠. 基于水库的防洪调度运用 ［J］. 黑龙江水利科技，2013（7）：176-178.

［18］ 刘卓也，芦晓峰，魏玉成. 水库防洪调度研究 ［J］. 安徽农业科学，2007（13）：939-942.

［19］ 张立明，刘文军，马秀梅，等. 水库群防洪联合调度研究现状与展望 ［J］. 中国水运月刊，2012（5）：128-129.

［20］ 焦恩泽，张清. 水库调水调沙概论 ［C］. 中国水力发电工程学会水文泥沙专业委员会第七届学术讨论会，2007.

［21］ 李建华. 水电站短期优化调度研究与应用 ［D］. 武汉：武汉大学，2005.

［22］ 张丽娜. 水电站优化调度模型及其应用研究 ［D］. 大连：大连理工大学，2007.

［23］ 王美良. 东深供水工程经济调度研究 ［D］. 南京：河海大学，2006.

［24］ 谭跃进. 系统工程原理 ［M］. 北京：科学出版社，2010.

［25］ 冯尚友. 水资源系统工程 ［M］. 武汉：湖北科学技术出版社，1991.

［26］ 许新发，黄俊民. 小水电水库优化调度技术（3）径流描述 ［J］. 江西水利科技，1995（3）：178-182.

［27］ 姜启源. 数学模型 ［M］. 北京：高等教育出版社，1987.

［28］ 葛永明. 最大削峰准则在水库防洪优化调度中的应用 ［J］. 浙江水利科技，2005（5）：47-48.

［29］ 拉森. 动态规划原理 ［M］. 北京：清华大学出版社，1984.

[30] 吴爱华. 梯级水电站长期优化调度的研究与运用 [D]. 武汉：华中科技大学，2003.

[31] 朱德通. 运筹学 [M]. 上海：上海人民出版社，2002.

[32] 薛毅. 最优化原理与方法 [M]. 北京：北京工业大学出版社，2001.

[33] 李钰心. 水电站经济运行 [M]. 北京：中国电力出版社，1999.

[34] 杨胜意，陈本田，李辉. 用动态规划法对水库进行优化调度 [J]. 河南水利与南水北调，2004 (2)：23.

[35] 余丽华. 水库群发电优化调度神经网络模型研究 [D]. 南京：河海大学，2006.

[36] 郭生练，陈炯宏，刘攀，等. 水库群联合优化调度研究进展与展望 [J]. 水科学进展，2010 (4)：496－503.

[37] 袁世斌. 水电站厂内安全与经济运行研究及其实现 [D]. 武汉：华中科技大学，2004.

[38] 罗元胜. 三峡梯级水电站优化调度算法研究 [D]. 武汉：华中科技大学，2003.

[39] 石琦，李承军，王金文. 遗传算法在电力系统日有功优化调度中的应用 [J]. 电力系统及其自动化学报，2002 (2)：56－59.

[40] 封梅，吕春光，王振吉，等. 机组负荷最优分配问题的动态规划模型 [J]. 新技术新工艺，2008 (9)：33－35.

[41] 李丹，陈森林，张祖鹏. 水电站厂内经济运行模型研究 [J]. 中国农村水利水电，2009 (8)：148－150.

[42] 樊福而，刘庆国. 用动态规划优化水火电力系统的经济运行 [J]. 华北电力学院学报，1983 (2)：1－4.

[43] 王彩华. 模糊论方法学 [M]. 北京：中国建筑工业出版社，1988.

[44] 王本德，程春田，周惠成. 水库调度模糊优化方法理论与实践 [J]. 人民长江，1999 (S1)：16－18＋21.

[45] 《综合利用水库调度通则》 [J]. 中国水利，1994 (1)：12－15.

[46] 郭立山. 观音阁水电站运行优化方案研究 [J]. 水利水电技术，2003 (6)：47－49.

[47] 中华人民共和国水利部. 水库洪水调度考评规定 [M]. 北京：中国水利水电出版社，1999.

[48] 蔡其华. 充分考虑河流生态系统保护因素完善水库调度方式 [J]. 中国水利，2006 (2)：14－17.

[49] Mrcgp B R K B M. The Brundtland report：'Our common future' [J]. Medicine \ s& \ swar，1988，4 (1)：17－25.

[50] 沈景文，张瑞佟. 关于水利水电工程的环境影响问题 [J]. 环境科学丛刊，1987 (1)：66－69.

[51] Copeman, V. A. The Impact of Micro-Hydropower on the Aquatic Environment [J]. Water & Environment Journal，1997，11 (6)：431－435.

[52] 布恩. 河流保护与管理 [M]. 北京：中国科学技术出版社，1997.

[53] 徐中民，张志强，程国栋. 可持续发展定量研究的几种新方法评介 [J]. 中国人口：资源与环境，2000 (2)：60－64.

[54] Beanlands G E, Duinker P N. An Ecological Framework for Environmental Impact Assessment[J]. in Canada (Institute for Resource and Environmental Studies，1983，18 (3)：267－277.

[55] 吴泽斌. 水利工程生态环境影响评价研究 [D]. 武汉：武汉大学，2005.

[56] 钟淋涓，方国华，国延恒. 水资源、社会经济与生态环境相互作用关系研究 [J]. 水利经济，2007 (3)：4－7.

[57] 黄昌硕，耿雷华. 基于"三条红线"的水资源管理模式研究 [J]. 中国农村水利水电，2011 (11)：30－31.

[58] 唐德善. 塔里木河流域水权管理研究 [M]. 北京：中国水利水电出版社，2010.

[59] 左其亭. 面向可持续发展的水资源规划与管理 [M]. 北京：中国水利水电出版社，2003.

[60] 齐学斌，刘景祥. 国外水资源可持续利用发展动态浅析 [J]. 水资源与水工程学报，2001 (4)：40－43.

[61] 张继群. 浅议水利可持续发展的思路和对策 [J]. 科技风，2010 (20)：98－99.